そうだったのか！

里山のいきもの百物語

大島健夫 著

里山というのは素晴らしいものです。
里山を知る人は幸せです。

　里山という言葉が初めて文献に現れるのは、1759 年に書かれた『木曽山雑話』で、そこには「村里家居近き山をさして里山と申し候」と記されています。つまり、人里に近接し、薪炭に利用するなど、人間の維持管理があることを前提とした山、ということです。

　広い意味では、山林だけでなく、そこに接続する農耕地、草地、湿地、池沼、河川等の多様な環境を含んだものが『里山の自然』です。ということは、私たちが日頃接している、身近な自然、身近ないきものの世界は、その多くがこの『里山の自然』に含まれているということになります。里山とは、私たちの心に根を下ろしている、なつかしい田舎の風景そのものであるとも言えるでしょう。

　日本の里山の自然というのは、縄文時代以来、長い年月をかけて積み上げられた叡智に基づく人間の生活サイクルと、数々の希少ないきものの生活サイクルが幸福な形で融合した、世界に誇ることのできる生態系モデルです。しかし、その里山は、いま、存続の岐路に立たされています。その大きな原因は、この国の人間の生活の営みが、もはや里山から離れてしまったからです。

　里山は、人跡未踏の原生林の自然などとは異なり、人間の活動と切っても切り離せない関係にあり、全てに日常的に人の手が入っているものです。手が入っているからこそ里山なのです。

そこに人間が手をかけなくなって、あるいはかけられなくなって管理を放棄するということは、開発などで環境そのものを破壊することと同様、衰亡をもたらす原因となります。それは、各地の里山でリアルタイムで進行していることです。有史以来、この国で、人間といきものとの接点であり続けた里山は、滅びつつあるのです。里山というものが誕生して以来、最大の危機の時代。それが現在です。

　里山の自然が損なわれることは、長い年月をかけて人の営みとともに形成されてきた、日本の里山にしかない、固有の生態系が損なわれることになります。のみならず、人間の文化が損なわれることにもつながります。この国のあちこちで、毎日毎日、里山の自然は損なわれ続けています。

　この本では、そんな里山に生きてきた、そしていまも生きている、100種類の生き物を取り上げました。皆様がよくご存じのいきものも、初めて見るいきものもいることでしょう。でもみんな、私たちのそばで、私たち自身の歴史とともに生きてきたいきものたちなのです。これらのいきものについて知ることは、私たち自身について知ることでもあるのです。

もくじ

シュレーゲルアオガエル

洋風だけど和風です…

無尾目アオガエル科
Zhangixalus schlegelii
体長 3 - 6 ㎝

　全身エメラルドグリーンでとってもかわいいシュレーゲルアオガエルは、日本の多くの地域でもっとも普通に見られるアオガエルです。畔などに白い泡の塊のような卵を産み、オタマジャクシの時代を水田で過ごし、変態して上陸するとその付近の森林の中で暮らすという生活史を持つこのカエルこそは、昔ながらの里山環境の象徴ともなる種のひとつでしょう。しかもこのカエル、日本の固有種であり、国外にはいないのです。なのになぜ、洋風な名前がついているのでしょうか？

　実は「シュレーゲル」というのは人名で、この種の記載者であるヘルマン・シュレーゲル氏のことなのです。この人物はドイツ人の

学者で、オランダのライデン博物館の二代目館長でした。

1820年代、長崎の出島でオランダ商館付の医師をしていたフィリップ・フランツ・フォン・シーボルトは、日本で収集した膨大な動植物の標本をライデン博物館に送っていました。シュレーゲルアオガエルも、そうしてシーボルトが送った標本に基づき、かの地で記載された種です。シーボルトはやがて禁制品の日本地図を持ち出そうとしたことが発覚してスパイ疑惑をかけられ、最終的に国外退去処分となるという、有名な『シーボルト事件』を引き起こすこととなります。

シーボルトは本当にスパイであったかもしれない節があり、数多くの論考もなされていますが、それについては今は触れません。しかし、現生の日本の両生類・爬虫類の多くはシーボルトの標本によってライデン博物館の学者が記載したものであるという端的な事実を述べれば、シーボルトがなした事績の中で、教科書にあまり載っていない種類の部分がいかに重要なものだったかがお分かりいただけることでしょう。

それにしてもしみじみ思うのは、記載者のシュレーゲルさんが、あまり変な名前でなくて良かったということです。まさに紙一重でした。だって、この人がスケベさんという名前だったらこのカエルは「スケベアオガエル」になり、アホンダラさんという名前だったら「アホンダラアオガエル」になっていた可能性があったのです。われわれ日本人も、そしてカエル自身も知らないところで、です。

シュレーゲルアオガエル

間違えやすい…ニホンアマガエル
鼻先が丸く、鼻から耳にかけて黒い模様があるよ

ヒヨドリ

スズメ目ヒヨドリ科
Hypsipetes amaurotis
体長：28㎝

　ヒヨドリを見て「大変貴重な数少ない鳥だ、素晴らしい」と心から感じる人がいるとは到底思えません。

　『雑草』という言葉があります。もしも『雑鳥』という言葉があったら、ヒヨドリなんてその代表的なひとつになるでしょう。

　全国にくまなく分布し、都市から山地、民家の庭、公園、農耕地、森林と幅広い環境にすんでいて、やたら数も多く、何かといえばピーピーと大きな声で鳴きわめくこの鳥、しかしながら海外の鳥好きの人たちからの評価は非常に高いのです。

　それと言うのもこのヒヨドリ、実は、日本列島とその周辺の比較的限られた地域にしか生息していないからで、ヒヨドリに会いたくてわざわざ日本にやってくるというビックリするような行動をとる

マニアの人もいるそうなのです。マジかよ、と思いますが、笑っていけません。私もパリの街中で、現地にはいくらでもいるが日本の多くの地域では珍鳥のカササギの写真を撮りまくって馬鹿にされたことがあります。その時は、ゴミ箱の上とかでカチカチと鳴いているカササギに、「わー、綺麗な鳥だなあ、なるほど、鳴き声はこうなのか」と真剣に感動していました。ヒヨドリ目当てで遠い国からやってきた人にとっては、我々が単なるネズミ色だと思っているその羽はオリエンタルビューティーなシルバーグレーに見え、あのうるさい声も「繊細にして力強い響き」に聴こえるのかもしれません。はっきり言ってその気持ちはよくわかります。

　ヒヨドリは雑食性で、とりわけ木の実をよく食べます。

　ヒヨドリが食べた実は、果肉部分は消化されますが、種子は消化されません。ウンコになって排泄された種子は、新しい芽を出すのです。つまり、ヒヨドリは、飛んで行った先々でウンコをすることで植生を豊かにする、『種子散布者』という役割を生態系の中で果たしているのです。そうすると、そこら中にたくさんいるこのヒヨドリは、そこら中にたくさんいることで、存在自体がすなわち我が国の森づくりに貢献していることになります。それを思うと、ヒヨドリはやっぱり素晴らしい鳥で、我々日本人もヒヨドリに感謝する必要がありそうです。

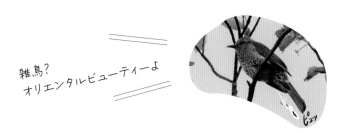

雑鳥？
オリエンタルビューティーよ

ピュッ

ニホンマムシ

有鱗目クサリヘビ科
Gloydius blomhoffii
体長：40 - 60 ㎝

　マムシこそは、日本でもっとも有名な毒蛇であることは疑いのないところでしょう。しかし、日本人の総人口のうち、この湿った場所を好む太短いヘビが野外で動く姿を実際に見たことのある人は、もしかしたら半分もいないのではないでしょうか。近年、餌となるカエル類の減少や、生息に適した水田や山林の環境悪化などの原因により、各地でマムシの減少は著しいのです。現在、10 の都府県のレッドリストで何らかの指定を受けており、私の住む千葉県でも、『B（重要保護生物）』に指定されています。

　ほんの数十年前まで、マムシは非常にたくさんいたことは確かで、農家の方は、いまだにマムシを見つけるとすぐ殺してしまうケース

がままあります。機械を使わない農業が主流であった時代には、マムシは危険ないきものであったことは間違いなく、同時にまた、食用として貴重な蛋白源でもありました。よく知られる『マムシ酒』以外にも、各地で様々な方法で食されてきた歴史もあります。そういった調理法も、マムシが減った現在、古武術みたいに失伝しつつあります。

　いきものとしてのマムシそのものは、穏やかな性格の、動きの鈍いヘビです。こちらからいじめない限り、そうそう咬みつくものではありません。まずいのは、歩いていてうっかり踏みつけてしまったり、何も知らない子供が手にとろうとしたりするような場合です。毒は出血毒で、咬傷を受けた場合の死亡率は1%程度であるということです。万が一の時にはすみやかに医療機関を受診しましょう。昔の人は誰でもマムシをよく知っていたでしょうが、いまの人は実際のマムシを見たことがない分、万が一、出会ったときには気をつけなければなりません。

ふ、踏まないでね…？
　ボクこう見えて温厚なヘビです…

　昭和の大横綱・栃錦は、「マムシ」の異名をとりました。喰いついたら放さないその相撲ぶりがマムシを連想させたのです。しかし、いま、同じような相撲を取る力士が現れたとしても、マムシとは呼ばれないでしょう。マムシを生き生きとしたイメージとともに心に描ける人が少なくなっているのですから。誰もマムシを見たことがない時代は、もうすぐそこまで来ています。マムシは、幻のいきものになろうとしているのです。日本の農村文化の記憶とともに。

イチョウウキゴケ

ゼニゴケ目ウキゴケ科
Ricciocarpos natans
体長：10 - 15 ㎜

　水田やため池で、何やら1㎝くらいの、扇型に拡がった、厚みのある緑色の葉のようなものが一面に浮いているのを見かけることがあります。これがイチョウウキゴケです。

　コケ類というと、『君が代』にもうたわれるように、石とか木とかにへばりついて暮らしていると思われがちですが、中にはそうでないものもおり、このイチョウウキゴケは、日本でただ一種、水面にぷかぷか浮かんで生きるコケなのです。しげしげと眺めてみると、なるほどイチョウの葉によく似た形状をしています。

　そんなイチョウウキゴケ、普段は穏やかに浮かんでいるのですが、その生態はなかなか一筋縄ではいきません。なんと、生息地が干上

がって水がなくなると、泥の上で陸生化して暮らすことができるのです。このため、一時的に水が涸れた池や、収穫後に水を抜いた水田でも生き残ることができ、ひとたび豪雨や洪水などがあると、流れ出して分布を拡げるため、前の年にはなかったところから突然生えてきたりもします。

　タフでアバウトな生態を持つイチョウウキゴケは、かつては北海道を除く日本全国の水辺で、きわめて普通に見られた植物でした。しかし、現在では各地で減少し、環境省のレッドリストにおいても、『NT（準絶滅危惧)』として記載されるに至っています。圃場整備や耕作放棄などにより、生息に適した水田自体が少なくなっていることに加え、除草剤などに意外と弱いことも無視できません。環境の変化には強い一方で、汚染の影響は受けやすいのです。

　派手な色をしていたり、形がかっこよかったりするいきものには、人の目が集まり、保全しよう、守ろうという声も上がりやすいものです。しかし、イチョウウキゴケは、ずっと人間の暮らしのそばにあり、生態も大変に面白く、今まさに姿を消しつつあるのに、全然と言っていいほど知られていません。存在に気づかれることなくなくなってしまうというのは寂しいことです。どうか読者の皆様、水田や池のそばに行ったら、ほんの少しでいいので、そっと腰を下ろして水面を見つめてみてください。そしてもしもこの子がいたら、「ああ、これがあの本に書いてあった例のアレか」と思っていただけたら幸いです。

これかあ

ハンミョウ

コウチュウ目オサムシ科
Cicindela japonica
体長：20㎜

　ハンミョウといえば、美しい昆虫として有名です。光線の当たり方によって違う輝きを帯びるその鮮やかな色彩にはちゃんと意味があり、効果的な反射によって直射日光下での体温の上昇を防ぎ、かつ天敵の鳥など目をくらますなどの働きがあります。当たり前ですがファッションで美しいわけではなく実用的なのです。

　実用的と言えば、ハンミョウの顔つきもまた実用的です。飛び出した大きな複眼、そして凶器じみた形状の大顎。それらが示す通り、この虫の本性は獰猛な肉食昆虫です。日当たりの良い地面を走り回って小動物を捕食する。その生態が、この顔つきと華麗な体色に端的に示されているというわけです。

成虫だけでなく、幼虫もすさまじく凶悪な顔をしています。夢に出そうなくらい怖いので、是非検索してみてください。太陽の下で活動する成虫と異なり、こちらは穴の中に入って顔だけ出して待ち伏せ、近くを通りかかった獲物を穴に引きずり込んで食べるという暮らしをしているのです。

　昆虫が巨大化して人間を襲うというパニック映画が昔からあります。もし私がそのような映画の製作をしなければならなくなったら、ハンミョウの成虫と幼虫を巨大化させることでしょう。ギラギラした夏の日、体長5mくらいのハンミョウが過疎の村を襲うのです。村にいるのは、最後の住民である高齢のご婦人と、何かの調査にやってきた大学生グループ。まずは当然、リーダーの言うことを聞かずに調査ルートから外れたところでいちゃいちゃしていた大学生のカップルが食べられます。その後も極彩色の成虫が縦横に駆け巡って人間を次々と捕え、やっと逃げ出した先には地中で待ち構える幼虫（リーダーは仲間をかばってこいつに食べられる）。ひとりまたひとりと捕食されていき、絶望が訪れる中、やおら立ち上がった住民のおばあさんが……

　怒られそうなのでこのへんにしておきましょう。実際には、『外骨格』である昆虫は、地球の重力の影響のもとではそんなに巨大になることはできません。人間より大きな虫というのは混じりけなしの絵空事です。ハンミョウはあくまで体長2㎝です。山あいの砂地や川原に生息する、宝石のようなコウチュウです。

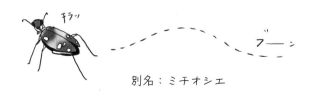

別名：ミチオシエ

ニホンノウサギ

ウサギ目ウサギ科
Lepus brachyurus
頭胴長：50 ㎝前後

　夜行性のノウサギは、日中に実物と遭遇する機会は少ないけれど、全国の人里近くに生息しています。うまく姿を隠している彼らも、実は様々な形でその生活の痕跡を残しています。

　例えば、畑などの地面に刻まれた、「ケンケンパッ」あるいは「チョンチョンパッ」などという擬音で表現される、一直線に並んだ両前足と平行に揃った後足の跡で変形のＴ字型をなす足跡。開けた場所に盛られた、繊維質でぎっしり固まったチョコボールのような球形の糞など。少し自然観察の経験値が上がってくると、植物の葉や芽を刃物で斜めに切ったような『食痕』も見つけることができるでしょう。これらは『フィールドサイン』と呼ばれるもので、フィールド

サインを認識できるようになると、「このウサギはこういうところを通って、こういうものを食べてこんな暮らしをしているんだな」というようなことが想像できるようになり、野外を歩くのがとても楽しくなってきます。探偵になったような気分にもなれます。

　探偵にとって、フィールドサインが事件の証拠だとするなら、いきものの実物は犯人みたいなもの。数多く「証拠固め」を積み重ねていると、やがてはどこかで直接出会う機会がやってきます。それはやっぱり嬉しいものです。

　野生動物というのは、なんというかそのたたずまいに迫力があります。ノウサギなども、間近で見ると写真の通り全身筋肉隆々で、学校の飼育小屋やペットショップにいるカイウサギとは全くの別物（実際、ノウサギとカイウサギは違う種です）という印象を受けます。小動物というよりは、より明確に野獣に見えます。当たり前と言えば当たり前で、最高速度 70 ㎞で走ることができ、2m や 3m はジャンプすることができるのです。ノウサギというのは大変に天敵が多い動物で、肉食哺乳類、猛禽類、さらには人間などいろいろな敵がいます。身体能

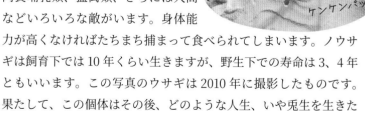

ケンケンパッ

力が高くなければたちまち捕まって食べられてしまいます。ノウサギは飼育下では 10 年くらい生きますが、野生下での寿命は 3、4 年ともいいます。この写真のウサギは 2010 年に撮影したものです。果たして、この個体はその後、どのような人生、いや兎生を生きたのでしょうか。

ニホンノウサギ

スナヤツメ

探さないでください…

ヤツメウナギ目ヤツメウナギ科

Lethenteron reissneri

全長：15 - 20 ㎝

　スナヤツメは、淡水で暮らす、日本で一番小さなヤツメウナギです。

　ヤツメウナギの仲間は、形こそ細長くてヌルヌルしていてウナギっぽいですが、ただ似ているだけで、親戚でも何でもありません。ヤツメウナギ科というのは、『円口類』といって、厳密にいうと魚類ですらなく、脊椎動物そのものの先祖に近いような原始的な仲間に属しています。口には顎もなく、骨格自体も大変簡素なものです。なぜ「八つ目」と呼ばれているかというと、鰓孔が7対あり、本物の眼と合わせて8つに見えるからです。

　しかも、その「本物の眼」ができるのも、実は生涯の後半になっ

てからのことです。

　ヤツメウナギは、なんと虫みたいに『変態』を行うのです。まず孵化すると『アンモシーテス幼生』というものになります。このアンモシーテス幼生には眼がなく、ミミズめいた姿をしています。スナヤツメの場合、水質の良い流れの底の砂の中で有機物を食べて成長し、3年ほど経た秋に変態して成魚となり目が開くと、一切の食物を摂らなくなり、翌年の春に交尾・産卵を行い、一生を終えるのです。だから、夏の間にいくらスナヤツメを集めても、アンモシーテス幼生しか捕れません。変態後は何も食べず、繁殖すると死ぬという点も、ある種の昆虫を思わせるものがあります。

　前述したように、スナヤツメは、湧水の流れ込む水路や、河川の上・中流域で暮らします。水質の良い淡水にすむいきものの例に漏れず、その生息状況は決して良いものではなく、汚染や乾燥化、開発、耕作放棄などに伴って全国的に減少し、環境省のレッドリストでも『VU（絶滅危惧Ⅱ類）』に指定されるに至っています。個体数が減っているというより、生息可能な場所がどんどん減っているという印象を受けます。でもまだ、平地の水田の脇のコンクリート三面張りの水路でもいくらでもいるようなところもあります。そんなにかっこいいいきものでもないので、子供時代に捕まえて遊んだという方も少ないでしょうけれど、スナヤツメは生きた化石です。古生代に出現した円口類も、そのほとんどは絶滅し、現在生き残っているのはヤツメウナギの仲間とヌタウナギの仲間のみ。こんな変なのが、あなたの住む街のすぐそばにもひっそりといるかもしれないのです。

スナヤツメ

目はないけど
漏斗型の口があるよ！

アンモシーテス幼生

ヘビトンボ

ヘビトンボ目ヘビトンボ科
Protohermes grandis
体長：40 ㎜

捕まえたら
噛みつくぞ！

こんな見た目でも
キレイな水の指標生物

　こんなわけわかんない形をした虫もちょっと他にいません。まず、でかい。黄色いペンキをこぼしたような透明な翅を拡げると 10 ㎝近くもあります。それに、プロポーションも変。名前にはトンボとつきますがトンボにはあまり似ておらず、かといって違う虫に似ているわけでもありません。もちろん、ヘビにも似ていません。飛んでいるのを見てもパタパタしていて、落っこちるのを遅らせているだけみたいな不器用な飛び方です。最後に、顔が怖い。広葉樹の樹液を吸っているくせに大顎が発達していて、噛まれると

痛そうです（噛まれたことのある人に聞くと、実際に痛いとのこと）。

　顔が怖いのは幼虫も同じで、清流の石の下などで成長するのですが、たくさんの脚に成虫よりさらに巨大な大顎という、エイリアンじみたルックスです。この幼虫の方は、成虫と違って見かけ通りに恐ろしいもので、大顎で他の虫を捕食し、しかも獰猛な性格です。成虫の大顎が大きいのは、幼虫時代の名残りなのです。川でこの幼虫を捕まえても、他の虫と同じケースに入れて放っておいたりしてはいけません。周囲を無差別に襲います。ちょっと目を離した隙に死屍累々になってしまいます。蛹にすら大顎があり、その状態でも噛むという無茶苦茶な虫です。

サナギでも噛みつくぞ

　そんな凶暴なヘビトンボの幼虫を食べるいきものがいます。人間です。この幼虫、食べるとうまい上に滋養があるのです。昔から『孫太郎虫』という名前で民間薬に使われていましたし、長野県の天竜川流域で『ざざむし』として販売される川虫の中にもヘビトンボの幼虫が含まれています。ざざむしを瓶や缶で買うとトビケラとかの幼虫に混じってこいつが入っているので、機会があったら探してみてください。歴史的にみて、日本人はいろんな昆虫を食べていました。イナゴは言うに及ばず、スズメバチの幼虫にカミキリムシの幼虫、ゲンゴロウに至るまで食べていたのです。

　およそ、いきものと人間との関係において、「食」というのは最も根源的なかかわりであることでしょう。大島家のルーツは長野県の天竜川流域にありますから、私の先祖もヘビトンボを食べて血肉にしていたかもしれません。とすると、私の中のある部分はこの虫でできているということにもなるのでしょうか……

ヘビトンボ

オオケマイマイ

有肺目オナジマイマイ科
Aegista vulgivaga
殻径：20 - 28 ㎜

なんで毛がはえて
るかって？
内緒だよ

　動きの鈍いいきものと言えば、カメとカタツムリが代表格。しか
し、私はクサガメとアカミミガメを飼っているからわかるのですが、
カタツムリに比べればそれらのカメはアスリートのようなもので
す。やつらはその気になれば人間が歩くほどのスピードで走ること
ができ、ちょっとした段差なら余裕で乗り越えることも可能で、泳
ぎは人間より遥かにうまいのです。

　それに比べるとカタツムリは本当にのろく、私が以前、雨の日に
道路に出ていたミスジマイマイを、定規とストップウォッチを使っ
て実測したところでは、せいぜい時速数 m（㎞じゃないよ）くら
いでありました。本気で急げばもっと速いのかもしれませんが、本

気で急ぐところを見たことがないのでわかりません。

　移動能力が極端に低いカタツムリは種の分化が多様で、日本国内にはナメクジの仲間とあわせて800種くらいが生息していると言われています。本州と四国の、湿った林床や石垣の隙間などに生息するオオケマイマイはその中でも奇抜で、殻から毛が生えています。この毛はキチン質でトゲのように太く、その割に柔らかく、放射状に生えています。殻自体も扁平で薄いので、昔の少年漫画に出てくる武器のようでも、また仏像の火焔光背のようでもあります。この毛は何のために生えているのかよく分かっていません。落葉の中ではカモフラージュになるのでしょうか。それとも天敵から身を守る役割があるのでしょうか。

　オオケマイマイは、決して深山幽谷のいきものというわけではなく、東京23区内にすら生息しています。ですが、都市近郊の分布は局地的で、しかも森林伐採や乾燥化に伴って各地で減少しているのも確かです。

　先に述べたように、カタツムリの大きな特徴は、移動能力が低いことです。ということは、ある場所で地域的に絶滅してしまったら、再び環境を整えても、よそからまたやってくるのが難しいということになります。そして小さな森と小さな森の間に細い道路が一本通っただけでも、カタツムリにとっては、果てしない砂漠によって国と国が分断されたのと同じことになってしまうのです。

カタツムリの殻は、目では見えないくらい小さな凸凹がたくさん。汚れがつきにくくなっています。…毛があるぶん、ボクは汚れやすいけどね

マイマイカブリ

コウチュウ目オサムシ科
Damaster blaptoides
体長：30 - 50 ㎜

にげろー

　カタツムリの天敵として知られているのがこのマイマイカブリ。黒い大型のオサムシの仲間です。マイマイというのはカタツムリの別名で、殻の中に頭を突っ込んで襲っている様子が、頭にカタツムリをかぶっているように見えるからこんな名前がついているわけです。

　他のオサムシに比べると体形が独特で、小さい頭に細長い頭胸部を持っています。これもカタツムリの中に頭を突っ込んで軟体部を食べるというその習性に合致したもので、カタツムリからしたら、必死で殻に引っ込んでいてもその中にぐんぐん入り込んでくるのですから、こんなに嫌なことはないですね。とは言えカタツムリも黙っ

てやられるわけではなく、粘液を出したりして対抗するので、狩りが毎回成功するというわけではありません。ちなみに幼虫も成虫と同じようにカタツムリを捕食します。徹底しているのです。

　マイマイカブリは、北海道から九州まで分布する日本固有種であり、基本的に他の国には生息していません。

　立派な脚を持ち、広葉樹林の林床をよく歩き回りますが、左右の前翅が癒着しており、飛べません。つまり、餌としているカタツムリ同様、移動能力が低いということになります。そのため地域間の行き来ができず、遺伝的な分化が進んでおり、国内に8つもの亜種がいるというところもどことなくカタツムリめいています。マイマイカブリはミミズなども少しは食べるのですが、カタツムリを食べないと産卵ができないのだそうで、つまり結局はカタツムリなしでは生きられないということになり、裏を返せばカタツムリに養われているみたいな感じもします。

　マイマイカブリは体が大きくて生態も面白い虫ですし、亜種の中には、赤色や緑色や紫色をした美しいものもいます。夜行性だからあまり人目につかず、「一度ナマで見てみたいな……」と思われる方も多いと思います。でも、野外で出会ったからといって、喜んで慌てて手で押さえたりしてはダメですよ。お尻からくさい臭いのする液を噴射します。この液は酸性の化合物で、目にでも入ると厄介なことになります。しかも石鹸で洗ったくらいではなかなか臭いがとれません。十分にご注意ください。

サワガニ

十脚目サワガニ科
Geothelphusa dehaani
甲幅：20 - 30 ㎜

　サワガニもまた、日本固有種です。本州から九州までの淡水で普通に見られ、湧水のある少し綺麗な水場の周辺なら、どこにでも生息しています。しかしサワガニは同時に、大変特殊なカニでもあります。何しろ日本産のカニの中で唯一、一生の間、海と行き来をしないカニなのです。

　陸上や淡水で暮らすほとんどのカニは、繁殖の際には海に降りてゆきます。海で産まれた卵は、孵化してすぐにカニの形になるわけではありません。まずゾエア幼生というプランクトンとして誕生し、次にメガロパ幼生というまたちょっと違うプランクトンに変態し、そこからさらに変態してようやく稚ガニになり、海から川をさかの

ぼって淡水に入ってゆく、という過程を歩むのです。

ところがサワガニの場合は、この稚ガニになるまでを全部、卵膜の内部でやってしまい、親と同じ姿で出てくるのです。サワガニの雌は初夏に50個くらいの卵を産み、孵化後も3、4日ほどおなかにかかえて過ごします。たまに子ガニをわしゃわしゃとたくさん抱いた母親ガニに出会うのはそういうわけです。この、50個くらいの卵を産む、というのを海で卵を産む他のカニと比べると、例えばアカテガニは3500〜6万5000個の卵を産み、モクズガニは1万〜60万個の卵を産みますから、驚異的な少なさです。稚ガニになるまでの成長過程を卵の中で済ませることで死亡率が低くなり、卵の数が少なくても大丈夫なようになっていることがわかります。稚ガニが成熟するまでには3〜4年とけっこうかかり、その寿命は意外に長く、10年にも達します。あの小さなサワガニが、犬や猫と同じくらい生きるのです。

サワガニには、地域集団ごとに赤、青、紫など多様な体色を持っており、「こっちの川では青いのばっかりだったけど、あっちの川では赤いのしかいない」なんてこともしばしばあります。伊豆半島や三浦半島、房総半島などには青白い色のものが多く、最近の研究では、これはかつて、黒潮に乗って南の方からやってきた系統である可能性が高いといいます。通常は海を見ることもなく、ごく狭い範囲で暮らすサワガニも、一旦洪水などがあると遠くへ流されていって、新天地を開拓するということもあるのかもしれません。

サワガニ

カワセミ

空飛ぶ宝石とはボクのことだよ

ブッポウソウ目カワセミ科
Alcedo atthis
全長：17 ㎝

　カワセミです。みんな大好きなカワセミです。もし、鳥の写真を撮るごとに税金を納めねばならない『鳥類撮影税』とかいうものが導入されたら、カワセミは主要な財源のひとつになるでしょう。さかのぼって過去に撮影した分まで納税しないといけない制度もあわせてできちゃったとしたら、破産するベテランの鳥好きさんが大勢出てくるかもしれません。さらに、撮影した写真をフォトコンテストや展覧会に出品すると納めなければならない『写真陳列税』、三脚を立てたり長い望遠レンズを使用すると発生する『撮影時空間占有税』など良くない妄想は膨らみますが、うっかり政府筋の人に読まれて「おお、それはいい、導入に向け動こう」などと考えられる

と非常に嫌なのでその話はここまで。

背中もキラキラだよ

　なぜカワセミが人気があるのか。それは一にも二にも綺麗だからでしょう。近くで見ると、コバルトブルーだけでなく、エメラルドグリーン、オレンジ、ホワイトなど、様々な色彩が溢れんばかりに輝きを放っています。漢字だと「翡翠」と書くだけのことはあります。

　一方で、実質三頭身くらいしかないカワセミは、ドラえもんぽくてかわいい鳥でもあります。嘴が長いのもアンバランスで、子供が描いた、デッサンが間違った鳥の絵のような感じもします。しかし無論、この異常に大きい頭と長い嘴は、かわいいからそうしているわけでもなければ間違ってそうなっているわけでもありません。水中に急降下して小型の水生動物を捕らえる衝撃に耐えるには、こういう体型であることが必要なのです。また、この嘴は、狩りだけでなく巣穴を掘る際にも活躍します。カワセミは、川沿いの粘土質の垂直の崖のようなところにミサイルみたいに突進して、時に1mにも達する横穴を掘るのです。ところが、穴を掘ることができないコンクリート護岸の場所などでも、カワセミはけっこう営巣しています。排水口のパイプを利用したりして無理矢理巣をつくったりするのです。カワセミは、決して人を寄せつけない清流の鳥なんかではありません。むしろ、人為的な要因で悪化する環境の中でも必死に適応して生き残ろうとしている鳥です。都市公園の池や三面張りの水路にも、カワセミはすんでいます。もしどうしてもカワセミ撮影に税をかけるというなら、せめて水辺生態系の保全に用いてほしいものです。

ケラ

バッタ目ケラ科
Gryllotalpa orientalis
体長：30 - 35 ㎜

　ケラというのは一見すると何の仲間の虫なのかさっぱりわかりませんが、バッタ目に属しており、コオロギの親戚筋にあたります。確かに、よく見るとバッタ目らしくまあまあ長い後脚をしています。
　しかしそれよりずっと目立つのがシャベル状になった逞しい前脚で、指でつまみ上げるとこの前脚でゴリゴリとかき分けようとするのでけっこう痛いです。こんなふうになっているのは、ケラが湿った農耕地などで地中生活を送り、トンネルを掘って暮らしているからです。トンネルを掘って暮らすいきものといえば、皆様モグラを連想することでしょう。ケラのこの前脚はモグラの前脚によく似ています。全然違う系統のいきものが、同じような環境、同じような

立場で同じような暮らしをすると似てくること『収斂進化』といい、モグラとケラが似ているのもその一例です。モグラが大食漢で、しょっちゅう食事をしていないと死んでしまうというのはよく知られているところですが、ケラも同じで、絶食すると餓死してしまいます。結局、ノンストップで穴を掘り続けるというのは膨大なエネルギーを必要とするのです。

　ではケラはトンネルの中で何を食べているかというと、わりと何でも食べ、ミミズや小昆虫、植物の根や種子など幅広く食べる雑食です。畑のイモを食ってしまったりするのでしばしば害虫として扱われます。地中で暮らすいきものはリアルで出会う機会が少なく、モグラも「偶然の一発」みたいなケースでないとなかなか直接見ることはできません。しかし、ケラの場合は、春、田んぼで代掻きをするとぷかぷか浮いてくるので、いれば簡単に見つけられます。水に浮かんでも溺れるわけではなく、上手に泳ぎます。ケラは、歩けて、地中にもぐれて、泳ぐこともできる虫なのです。ついでに、コオロギの親戚だけあって♂は鳴くこともできます。「ジー……」という単調で渋い声で鳴き、その鳴き声は地中から聴こえてくるので、昔は「ミミズの声」だと信じられてきました。

　さらに言うと、ケラは空も飛べます。夏に灯火観察をするとしばしば飛んできます。歩けて、地中にもぐれて、泳げて、空を飛べて、雄なら歌えるというわけです。持っている「資格」の数でいったら、昆虫界でも屈指の存在かもしれません。

器用貧乏だって？
失礼な！

ケ
ラ

シーボルトミミズ

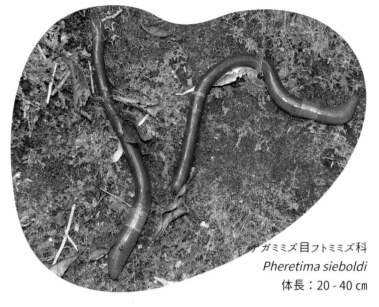

ナガミミズ目フトミミズ科
Pheretima sieboldi
体長：20 - 40 ㎝

　シーボルトミミズは、中部・東海地方以西に生息しています。千葉県育ちの私にとっては「知識で知ってるだけ」のいきもので、大分県で初めて出会った時の感動と衝撃は忘れられません。なぜ、リアルで見ただけでそんなに感動して衝撃を受けるのか。それは、何と言っても、このミミズが巨大で、全身が青光りしているからです。大きなものは 40 ㎝を越えることもあるといいます。ミミズには伸縮性がありますから、引っ張って伸ばせばもっと長くなります。完全にヘビ並みのサイズです。そんな大きさのが、ライトを当てると妖しい輝きを放つのです。

　中国地方出身の女性に、「あーこれ、うちの庭によくいましたよ」

と言われたこともあるくらい、地域によっては普通に観察できるこのミミズ、人里近くのいきものにふさわしく、ヤマミミズ、カンタロウミミズなど様々な地域的別名を有しています。シーボルトミミズという和名は、この本のはじめに出てきたシュレーゲルアオガエル同様、例のフィリップ・フランツ・フォン・シーボルトが日本で採集し、オランダのライデン博物館に持ち帰ったことにちなんでいます。「シーボルト→ライデン博物館」というのは黄金継投パターンのようなもので、いきものの勉強をしていると実にしょっちゅう出てくるので覚えておいてください。

　ミミズは地中に穴を掘って暮らしており、有機物を食べて分解する役割を果たしています。ミミズの糞は優れた肥料になるので、昔から農業の味方として扱われてきました（そのわりに研究が進んでおらず、未記載種も多いのだそうですが……）。そして、ミミズは昆虫、両生類、爬虫類、鳥類、哺乳類など実に様々な動物から捕食されるという形でも、生物多様性を根底から支えています。シーボルトミミズも、イノシシやモグラ、ヒキガエルなどによく食べられます。彼らからみて、味は他のミミズと比べてどうなのでしょうか。大きいだけで大味だったりするのでしょうか。たっぷりと滋養があって高級とされているのでしょうか。その答えはイノシシその他に訊いてみるしかありません。シーボルトミミズはウナギなどの釣り餌によく使われるくらいですから、案外美味いのかもしれません。だからって私は食べないですけど。

ヘビかな？

ミミズだよ

カタクリ

春の妖精

ユリ目ユリ科
Erythronium japonicum
高さ：10 - 15 ㎝

　美しいカタクリは、いわゆるスプリング・エフェメラル　───
はかない春の花、と呼ばれる生活史を持っています。地域にもより
ますが、だいたい3月の半ばに地表に葉を出し、4月に花を咲かせ、
光合成をし、種子を散布し、5月には葉はもう見えなくなってしま
います。つまり、地上に顔を出している期間は、実は年に2ヶ月く
らいでしかなく、それ以外の期間は、地面の下で鱗茎として過ごし
ているのです。

　私の知人の持ち山にカタクリが自生しています。知人はそれを大
事にしているのですが、花の時期になると夜中にやってきてごそご
そと盗掘していく奴がいます。知人は、業者が盗みに来ているのだ

と思い、息子さん（いろんな格闘技やってるゴツい人）とともに張り込み、待ち伏せしてみたそうです。

　ところが、現れたのは単独犯、しかもいい歳のおっさんで、わりと近所に住んでいる人だったのです。「退職して園芸に凝り始めたが、カタクリは育てるのが大変だから盗んでいた」というのがその供述だったとか。非常に情けないことですが、我が国ではこうした美しい花を咲かせる植物の減少の主要な要因のひとつに「鑑賞目的の採掘」というのがあります。そして、そういうことをしていく人たちは、ほぼ例外なく中高年、というよりもお年寄りだったりするのです。

　「野に咲いている花を自分ちで見たいから持ち帰る」という行為は、21世紀の現在、生態系や生物多様性に及ぼす影響、さらに道徳的にも公共の福祉という観点からも、奨励されるものとは到底言えません。このような、人間の素朴で単純な所有欲、採集欲といったものは、これまで数多くの希少種を絶滅に追い込み、また外来種問題を引き起こしてきました。

　カタクリは育てるのが大変なのは本当で、花を咲かせるまでに8年くらいかかります。その寿命は4、50年にも達しますから、わざわざ掘り返して持って帰らなくても、野で見て楽しめば良いのです。知人親子は「あんた、見たければいつでも昼に来て見ていきなさいよ。でも夜中に持っていっちゃダメだよ、そんな生き方はダメだよ」と花泥棒のおじさんをこんこんと諭して帰し、その後、盗まれることはないそうです。

採らないでー！！

シオヤトンボ

わたしは雌よ

トンボ目トンボ科
Orthetrum japonicum
体長：37 - 48 ㎜

　トンボって、里山を語る際には避けて通れない虫です。

　ヤゴと呼ばれる幼虫時代を水中で、羽化してからは陸上と空中で、それぞれ他の虫を食べる捕食者として生活するトンボが生きてゆくためには、産卵をしたりヤゴ時代を過ごすための水辺、成虫が餌をとったり休むための草地や森林など、様々な環境を必要であり、しかもどのトンボがどんな環境を必要とするかは種類ごとに少しずつ異なっているので、里山の構成要素が健全に保たれているかの指標とするのに、こんなに適したいきものも他に少ないのです。どんなトンボがどれだけいるかを調べるだけで、その里山がいまどのような状態なのかがある程度わかるのです。

加えて、トンボはこれまた種類ごとに成虫が発生する季節がおおよそ決まっているため、『生物季節』の指標ともなり、このトンボが出てきたからこの作業をやらなけりゃ、というふうに、農業の暦がわりにも使えます。

　日本全国の平地から山地の湿地や水田で発生するシオヤトンボは、春先最も早くに成虫が発生するトンボのひとつです。これが飛び始めたら、田んぼで代掻きが始まるのももうすぐです。

　シオヤトンボを漢字で書くと「塩屋蜻蛉」。♂は成熟すると全身銀白色の粉に覆われるのがその名の由来です。♀はこの粉に覆われることはなく、成熟しても黒い縞が入った黄色をしています。雌雄ともシオカラトンボに似ていますが、こちらの方が短く、ずんぐりした体形をしています。かつてはきわめて普通にみられるトンボでしたが、近年では各地で減少が伝えられており、東京都や神奈川県ではレッドリストにも掲載されるに至っています。

　稲作農業と親和性の高いいきものであり、害虫をたくさん食べてくれるトンボは、文化的な面でも日本列島の人の心に深く根を下ろ

ボクが雄だよ

しています。そもそも、日本列島を示す古語である「秋津洲」は、「トンボの国」という意味なのです。シオヤトンボは、今年もこの国に春が来て、これからいろんな人といきものの営みが始まる、というのを告げてくれる存在です。

ニホンイタチ

食肉目イタチ科
Mustela itatsi
頭胴長：16 - 37 ㎝

かわいいとか言ってる
ヤツはひっ掻いてやる

　イタチは里山の小さな猛獣です。

　とてもしなやかな逞しい体を持ち、走るのは速く木登りもうまく、泳ぎや潜水は水生生物並みに上手です。魚類、両生類、爬虫類、鳥類、哺乳類、それに昆虫や甲殻類などを巧みに捕食し、自分の体よりも大きないきものさえ獲物とします。私が子供の頃、よく親戚家の鶏小屋がイタチに襲われていました。イタチの体重は最大でも700g程度、それに対してよく成長した白色レグホンの体重は2、3㎏ですから、比率から言うと、体重200㎏のライオンが、600㎏から1tに達するアフリカバイソンを狩るのと同じです。しかも、ライオンは群れで狩りをしますがイタチは単独ですから、その驚異的な身体

能力がわかります。

　基本的に、イタチは水辺環境に依存しており、里山では田んぼや水路と斜面林を行き来して狩りをしつつ生活しているのですが、乾田化した現在の田んぼでは、魚やカエルが生息することができず、その食料事情は悪化の一途をたどっています。加えて、近縁のシベリアイタチというのがおり、これはかつては国内では対馬にしか分布していなかったのですが、毛皮をとる目的で飼育されていたものがあちこちで逃げ出し、西日本中心に広く野生化してしまっています。シベリアイタチはニホンイタチよりも体が大きいので、同じ場所にいると、ニホンイタチはどうしても負けてしまいます。2016年夏、ニホンイタチは、IUCN（国際自然保護連合）のレッドリストにおいて、『NT（準絶滅危惧）』として記載されてしまいました。

　誰にも同意してもらえませんが、私は、実はイタチこそは「ツチノコ」の正体のひとつではないかという説をとなえています。

　手足が短く、体が柔軟なイタチは、光の加減などによってまるでヘビのように見える時があります。ビール瓶くらいの大きさで、縦に体をくねらせ、ジャンプする、などの特徴も完全に一致しています。全てのツチノコ目撃証言をイタチで説明するのは乱暴でしょうが、中にはイタチを誤認した例が一定数、含まれているのではないでしょうか。いずれにしても、上位捕食者であるイタチを養えないような生態系には、幻のヘビが存在する余地などありえないことでしょう。

ツチノコ？

ニホンイシガメ

カメ目イシガメ科
Mauremys japonica
甲長：♂ 13 ㎝・♀ 20 ㎝

　カメというのは普通の人が目にしやすい爬虫類です。都会に住んでいても、公園や寺社の池などでわりあい簡単に見つけることができるでしょう。しかし、そのようなカメは、多くの場合、アカミミガメ、あるいはクサガメです。アカミミガメはアメリカ原産ですし、かつては在来種だと思われていたクサガメも、近年の研究により、江戸時代以降に中国大陸や朝鮮半島から移入された外来種であることという説が有力となってきました。

　その他に、南西諸島以外の日本の水辺で見られるカメというと、カミツキガメやミナミイシガメなども知られています。カミツキガメが外来種であることは皆さんご存じでしょうし、近畿地方のミナ

ミイシガメも、台湾から人為的に移入された可能性が高いと考えられています。ということは、江戸時代以前に本州・四国・九州の水辺にいたカメというのは、スッポンを除けばほぼニホンイシガメだけであったことになります。

歌川広重の『名所江戸百景・深川万年橋』に描かれている、紐で吊るされているカメは明らかにニホンイシガメですし、葛飾北斎の浮世絵にもイシガメっぽいカメが描かれています。先に述べたように、ある時代までの南西諸島以外の日本人にとっては、甲羅の固いカメといえばすなわちニホンイシガメだったのです。

そんなニホンイシガメがすっかり減少し、環境省のレッドリストにも記載されるに至っている理由には、河川工事や水質汚染による生息環境の悪化、そしてすっかり勢力を増してしまった外来のカメ類の影響がまず挙げられます。餌を巡って競合するだけでなく、クサガメとニホンイシガメは交雑もするので、純粋なニホンイシガメはどんどん減ってしまうのです。さらに、直接カメを食害する恐ろしい敵として、やはり外来生物のアライグマがいます。アライグマが多く生息している水辺では、イシガメの死骸や、手足だけを食べられて瀕死のカメの姿を見ることがあります。手足を食べられたカメは、時間をかけてゆっくりと死んでゆくしか術がありません。日本固有種・ニホンイシガメは、日本人の経済活動と、日本人が持ち込んだいきものによって、日本の水辺から静かに消えていこうとしているのです。

黒目がちでかわいいって？
よく言われるのよ

ゲンジボタル

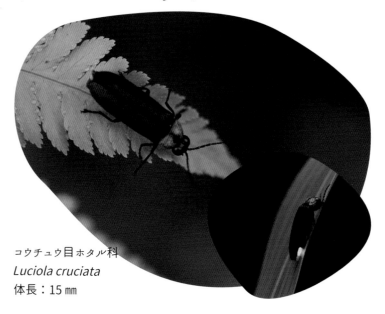

コウチュウ目ホタル科
Luciola cruciata
体長：15 ㎜

　ヘイケボタルと並んで代表的なホタルであるゲンジボタルは、やはり日本固有種です。幼虫は清流で発生し、カワニナを餌として1年間かけて成長します。成虫になるともう何も食べず、水分を摂取するのみです。羽化後の寿命は10日程度でしかありません。その間に、夜、あの黄緑色の光を放って飛び回り、繁殖の相手を見つけるのです。

　汚染されていない綺麗な水と、幼虫が蛹になるための、護岸されていない土の岸辺がどの河川にも備わっていたそう遠くない昔、ゲンジボタルは現在では想像もつかないくらいたくさんいたようです。私自身、古老から、大正時代の千葉県北部の話として、初夏に

はホタルの光で川沿いがぼうっと光っていて、明かりがなくても歩けた……というすごい話を聞いたことがあります。

　そんなホタルが生きる自然を取り戻したい、という声は、あちこちでしばしば耳にします。しかし、その趣旨は、あくまでも、「その地域の生態系において、ホタルが健全に生息し続けられるような環境そのものを復元する」というものでなくてはならないことでしょう。何でもいいからとにかくホタルの光を見てみんなで喜びたい、というのでは、自然保護的な思想ですらなく単なる人間の欲求に他ならないのであって、本末転倒です。ところが残念ながら人間というのは欲求に弱いもので、そこらへんがすり替わってしまいがちです。他の地域の野生のホタルをごっそり捕まえてきて自分たちの住んでいる地域に飛ばせて鑑賞会をやったり、自分たちの保護するホタルの餌として遠いところからカワニナをかき集めて放している事例もいまだにあります。これでは、貴重な山野草を採掘して自分ちの庭に植えているようなこととレベルが変わらないばかりか、単純に遺伝子汚染をせっせと推進しているのと同じことです。ゲンジボタルは地域により遺伝的・形態的な変異が大きく、安易に他地域のものを放流することは在来個体群の絶滅をもたらす可能性さえあるのです。ホタルを放流するような事業には、ほぼ必ず「次代の子供たちのために」というキャッチフレーズがつきます。善意というフィルターのかかった行為こそ、時には慎重を期して行わなければならないと私は思います。悪意にストップをかけるより、善意にストップをかける方がはるかに困難だからです。

ゲンジボタル

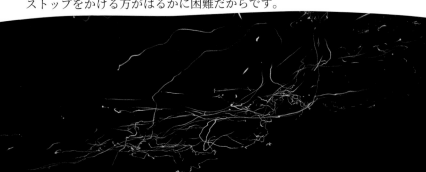

メダカ

ボクたちミナミメダカ

ダツ目メダカ科
キタノメダカ *Oryzias sakaizumii*
ミナミメダカ *Oryzias latipes*
体長：3 - 4 cm

　メダカの先祖は、海からやってきました。メダカはダツ目の魚です。ダツといえばあの、とんがった口が怖い、千枚通しみたいな顔をした魚です。この魚の名前が冠されたダツ目には、サンマ、トビウオ、サヨリなど、細長い形状の、暖かい海にすむ海水魚が多く属しています。そう思ってみると、メダカもサンマやなんかとけっこう似たプロポーションをしていますね。

　血は争えず、現生のメダカもなかなか強い塩分耐性を持っており、汽水にも生息していますし、少しずつ慣らしていけば、海水で飼うことさえできます。また、肉食魚であるのも仲間たちと同じです。太古の昔、インドで暮らしていたメダカの先祖は、恐竜たちが滅ん

だ大絶滅を生きのび、インド亜大陸と一緒に北上して、インド亜大陸がユーラシア大陸にぶつかったことでユーラシア大陸にやってきたことが、近年の研究により明らかになっています。体が小さく、淡水に入り込んで狭い範囲で生きる道を選んだメダカは、種の分化が進んでおり、ダツ目メダカ属には20何種類もの「なんとかメダカ」がいます。このうち、日本には、兵庫県より北の日本海側と東北地方の一部に生息するキタノメダカと、太平洋側を中心に生息するミナミメダカの2種がおります。そこらへんをすいすい泳いでいるメダカたちは、みなその遺伝子の中に、彼らがどこから来て、ど

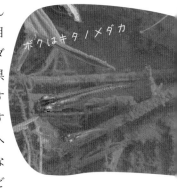

ボクはキタノメダカ

んな道をたどってきたかという雄大な歴史を背負っているのです。でも、よく考えると、もう、「そこらへん」には、あんまりメダカはいません。川の中の「めだかの学校」を覗く機会も、どんどん減っています。

　かつて、メダカは田んぼやその周りの水路や河川を、季節や状況に応じて往復しながら暮らしていました。しかし、現在の田んぼは、圃場整備によって水路や河川と分断されており、しかも、冬季には水を抜いてしまいます。水路自体もコンクリートの三面張りで、産卵に必要な水草も生えません。キタノメダカ、ミナミメダカは、ともに、希少な絶滅危惧種となってしまいました。インドの海から日本まで続いた、キタノメダカとミナミメダカの何億年という旅は、終局に向かっているのでしょうか。

メダカ

カダヤシ
メダカによく似た特定外来生物。日本の侵略的外来種ワースト100に選定されている。メダカだー！！と思って生きたまま捕まえないようご注意を。

アメンボ

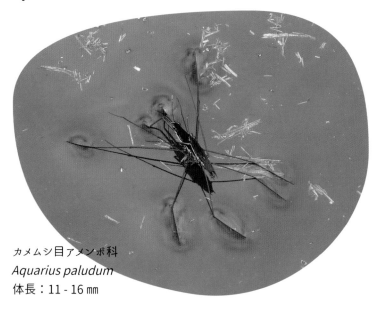

カメムシ目アメンボ科
Aquarius paludum
体長：11 - 16 ㎜

　私は成人男性で、空手と剣道の有段者です。今でも稽古している
し、野歩きが仕事みたいなものだから、何もしていない人よりは体
力もあります。だから例えばの話、そのへんの小学生と路上で戦っ
たとしたら、それはまあだいたい私が勝つでしょう。しかし、もし
も戦う場所が路上ではなく水中で、その小学生がスイミングスクー
ルとかでしょっちゅう泳いでいる子だったりしたら話が全然違って
きます。私は泳げないからです。足とか引っ張られたらたちまち溺
れてしまいます。いや、たぶん、水に落ちた時点で、ほっといても
溺れると思います。

　そんなカナヅチの私が、「こんな殺され方はイヤだなあ」と思う

のが、アメンボに捕食されることです。考えただけで身の毛がよだちます。

　アメンボの仲間は、脚に生えている細かい毛が水を弾くことを利用し、表面張力によって、いわば「水の上に立つ」ような格好で移動するところに特徴があります。水の上をピンピンと行き来している姿はなんとなく平和でのんきそうに見えますが、その正体は、水面に落ちたいきものに襲いかかって針のように鋭い口吻を突き刺し、消化液を注入して中身を溶かして吸い取ってしまう、恐ろしい肉食昆虫です。トンボやハチのような、空中や陸上で戦ったら到底かなわないような大きくて強い虫でも、水に落ちたらアメンボの敵ではありません。もがいているところを、わらわらと群がってきたアメンボたちに口を突き刺され、中身を吸い取られてしまうのです。アメンボは、『水面』という環境を武器とし、また友として生活しているのです。

　ところが、アメンボがいる水面に石鹸水や洗剤を垂らしたら……それだけのことで、また話は変わってしまいます。界面活性剤が水に入ると、表面張力がなくなってしまいます。そうなるともはや、水面はアメンボの友ではなく敵となり、脚の毛が水を弾かなくなったアメンボは哀れブクブクと沈んでゆくしかありません。

　勝った負けたではなく、喰った喰われたで成り立っているいきものの世界は、やっぱり厳しい世界です。里山の小さな池や水たまりで、アメンボたちは生と死のドラマを演じながら毎日を過ごしています。

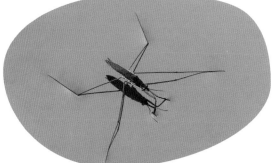

マツモムシ

カメムシ目マツモムシ科
Notonecta triguttata
体長：11 - 14 mm

背中を見たな…
…別にいいけどな…

　水面を挟んで、アメンボを表裏逆にしたような感じのたたずまいなのが、このマツモムシです。アメンボが脚を立てて水面に浮いているのに対し、こちらはいつも水面直下を背泳ぎしています。その目的はアメンボと一緒で、水面に落ちてきた昆虫などを捕食すること。ただし、アメンボが水面を走っていって獲物を捕まえるのに対し、マツモムシは下から抱きつくようにして襲います。

　自分が虫だったとして、水に落ちたところを、水面をスーッと走ってきたアメンボにやられるのがいいか、下からモファッと抱きついてきたマツモムシにやられるのがいいか……まさに究極的な選択です。マツモムシもカメムシ目ですから、最終的にされることはアメ

ンボと同じで、尖った口吻を突き刺されて中身を吸い取られてしまうわけです。ちなみに、マツモムシを手でつかんだりするとこの口吻で刺すことがあり、けっこう痛いです。ちょっとした予防接種レベルの痛さですから、一度刺された人は、だいたいそのあとは気をつけて扱うようになります。どのくらい痛いかどうしても経験してみたい、という人は、止めはしませんので捕まえたら指でつまんだりしてみてください。わりと簡単に刺してくれます（なお、刺された後のクレームは受け付けません）。

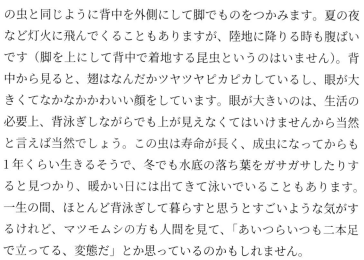

マツモムシ

たいていの人はマツモムシのお腹しか見たことがないでしょうが、マツモムシは飛び上がる際には背中を上にしますし、水から這い上がる際にも普通の虫と同じように背中を外側にして脚でものをつかみます。夏の夜など灯火に飛んでくることもありますが、陸地に降りる時も腹ばいです（脚を上にして背中で着地する昆虫というのはいません）。背中から見ると、翅はなんだかツヤツヤピカピカしているし、眼が大きくてなかなかかわいい顔をしています。眼が大きいのは、生活の必要上、背泳ぎしながらでも上が見えなくてはいけませんから当然と言えば当然でしょう。この虫は寿命が長く、成虫になってからも1年くらい生きるそうで、冬でも水底の落ち葉をガサガサしたりすると見つかり、暖かい日には出てきて泳いでいることもあります。一生の間、ほとんど背泳ぎして暮らすと思うとすごいような気がするけれど、マツモムシの方も人間を見て、「あいつらいつも二本足で立ってる、変態だ」とか思っているのかもしれません。

オモダカ

オモダカ目オモダカ科
Sagittaria trifolia
高さ：20 - 60 ㎝

　水田雑草と呼ばれるものの代表的なひとつ、オモダカを英語で threeleaf arrowhead といいます。直訳すると「三つ葉鏃」。それはこの植物の、下半分が二股になった三角形の葉の形状に由来しています。学名の *Sagittaria trifolia* というのも、Sagittaria というところはラテン語で「矢」を意味する sagitta という言葉がもとになっていますから一緒です。

　昔の日本人も、このとんがっていて刺さると痛そうなオモダカの葉から矢を思い浮かべていました。矢→戦→勝利、という三段スライド式の連想ゲームで、オモダカには「勝ち草」や「勝軍草」といった別名があるのです。オモダカという名前それ自体の起源ははっき

りしないのですが、「面高」という言葉の響きは、「面目が高い」「面目が立つ」に通じると考えられてもいましたから、オモダカを図案化したものは、武家の家紋として数多く用いられました。『沢瀉紋』というのがそれで、有名なところでは、かの毛利元就や福島正則、豊臣秀次などが使用しています。毛利元就には、戦に臨む際にオモダカにトンボがとまったのを見て、「勝ち草に勝ち虫（トンボもまた縁起のいい昆虫と考えられていました）がとまるとは吉兆だ、これでもう勝ったも同然である」と軍を鼓舞、実際に勝利したところから沢瀉紋を家紋とするようになったという伝説があります。元就にはこての説話がやたら多く、実際にあったことなのかどうかはわかりませんが、もし事実だったとすると、オモダカにトンボがとまるという、水辺だったら至極当たり前に見られる光景を素早くとらえて自軍の心理を高揚することができる臨機応変なセンスこそが、もともと広島県西部の領主の、そのまた分家に過ぎなかった元就が、一代で中国地方を切り従える大名にのし上がることができた一因なのかもしれません。

　個人的には、オモダカはその葉だけでなく白い花も好きです。夏から秋、田んぼで緑のイネに混ざって咲く三弁の花は、農家の人には迷惑でしょうが清楚で美しいものです。そして、抜かれたり刈られたりしても何度でも伸びてくるその生命力にも、死と隣り合わせだった中世の人たちは一族の存続と繁栄のイメージを託していたことでしょう。稲作発祥以来防除され続けてきたオモダカは、いまも滅びずに全国の田んぼに生育しています。

オニヤンマ

トンボ目オニヤンマ科
Anotogaster sieboldii
体長：90 - 110 ㎜

　一番かっこいいトンボが何かは人それぞれいろいろあることでしょう。でも、日本で一番大きいトンボは決まっています。もちろん、オニヤンマです。

　体長は10cmを越え、黒と黄色の縞模様に、深みのあるエナメルグリーンの目玉をしたこのトンボが水辺を悠然と飛ぶ姿には、どこかしら特別なものを覚えます。そのサイズにふさわしく、セミやスズメバチさえ捕食してしまうほどの力強さがあり、うっかり噛まれると指から血が出てしまいます。

　力強いといえば、皆様はオニヤンマの産卵シーンをご覧になったことがあるでしょうか。直立した形でホバリングしながら、土水

路の底の泥の中に繰り返しお尻を突き刺
してゆくのですが、産卵管が泥に突き刺
さるたびにザックザックと重い音が響き、
異様な迫力があります。そうして産まれ
た卵は、孵化して独特の角張った顔をし
たヤゴになり、脱皮を繰り返してどんど
ん大きく成長し、最終的に成虫になるまでに数年もかかります。こ
れは、オニヤンマが環境の改変に弱い昆虫であることを示していま
す。同じ環境がずっと保たれている場所でないと、オニヤンマは継
続的に発生できないのです。また、幼虫と成虫の餌となる小動物が、
水中にも陸上にもたっぷり生息していなければならないことは言う
までもありません。

　これまでの項にも書いたように、害虫をよく食べ、稲作農業と親
和性の高いトンボは、ずいぶん昔から縁起のいい虫だと考えられ、
「勝ち虫」と呼ばれたりもしました。トンボの意匠は武具によく用
いられてきましたし、いまでも剣道具屋さんに行くと、トンボ柄の
竹刀袋やなんかがいっぱい売っています。古来、トンボにまつわる
何かを身に着けて戦争や勝負の場に行った日本人は数知れません。
中には、殺し合う両者あるいは両軍ともトンボの模様やトンボの装
飾を背負っていた、なんていうケースもあったでしょう。それだけ、
トンボたちはいつも私たちの歴史のそばにいたのです。

　そう思うと、オニヤンマの飛ぶ姿に何かを感じる、というのはあ
る意味当然かもしれません。一番大きなトンボ、昆虫界で最上位の
捕食者のひとつであるオニヤンマの飛ぶ風景、というのは、健全な
里山環境が保たれた風景そのものなのですから。

シオヤアブ

昆虫界のアサシンだとか…

ハエ目ムシヒキアブ科
Promachus yesonicus
体長：22 - 30 ㎜

　自然教室や観察会で、子供さんからしばしば頂く質問に、「一番強い昆虫は何ですか？」というものがあります。
これは、「一番強い格闘家は誰ですか？」とかと同じで、大変に答えの出にくい質問です。
　捕食能力の高さ、食物連鎖ピラミッドの中で占める位置の高さということで考えるなら、候補に挙げられる昆虫はたくさんいます。カマキリ、スズメバチ、もちろんオニヤンマ。水中ならタガメやゲンゴロウ。集団でもいいのならアリなんかめちゃくちゃ強いです。そんな中で、単純に殺傷能力という点からいうと決して名前を外せないと思われるのが、このシオヤアブなどの、「ムシヒキアブ」と

呼ばれる仲間の肉食性のアブたちです。

　ムシヒキアブとは、漢字で「虫挽き虻」と書きます。

　彼らは、獲物を追いかけ回したりはしません。葉上などでじっと待ち受け、犠牲者が近づくとやおら背後上空から急降下襲撃方式で捕え、鋭い口吻をブスッと突き刺して仕留め、しかるのちに体液を吸ってしまいます。シオヤアブの場合、時にはカマキリやスズメバチ、オニヤンマのような、自分より遥かに体格の大きい肉食昆虫をもそうして捕食してしまうのです。口吻を突き刺された虫はあまり暴れず、わりとすぐ死んでしまいます。必殺仕事人か北斗神拳伝承者みたいな殺し方です。

　20世紀初頭、日本からアメリカに移入されたマメコガネが現地でたちまち大増殖し、農作物を食い荒らして甚大な被害を与えたことがありました。日本でマメコガネがそんなに大発生しないのは天敵がいるからで、その中でも有力なものがムシヒキアブの仲間です。とすると、この、毛むくじゃらで目ばかり大きな変な顔の殺し屋・シオヤアブは、長年にわたって、ただ存在しているだけで日本の農業を守ってきたことになり、つまりは里山を守ってきたことにもなります。いや、要するに、このようなアブが生きていることそれ自体が「里山」というシステムの一部であるということでしょう。

　「一番強い虫は何？」それは実はかなり根源的な質問です。個々の虫に興味を持って見てもらう中で、いつの日かその虫が存在する環境やシステムに目を向けてもらえたら。それが私の願いです。

シオヤアブ

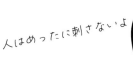

人はめったに刺さないよ

ニホンアマガエル

無尾目アマガエル科
Hyla japonica
体長：2 - 4.5 ㎝

　アマガエルというのは、ずいぶんいろんないきものに捕食される存在です。イタチやタヌキのような哺乳類、サギなどの鳥、ヘビを中心とした爬虫類、自分より体の大きな両生類、それに魚類。オタマジャクシの間は、肉食の水生昆虫やクモ類にもじゃんじゃん食べられてしまいます。

　一方で、アマガエルもまた、他のいきものを捕食するいきものです。変態して上陸してからは、その時々の自分の体のサイズに合わせて、昆虫やクモなどを捕えて食べます。たくさん食べて、たくさん食べられて、それでいながらいつもそこらへんにたくさんいるカエル……ニホンアマガエルってそんなカエルです。

　近年、数多くの両生類が全国的に減少しており、絶滅の危機に瀕している種もあまたある中、ニホンアマガエルはそこまで減っているようには見えません。繁殖期以外はあまり水に依存しないために圃場整備や農薬の影響をそれほど受けず、かつ、指に吸盤がついているので段差や塀、三面張り水路といった人工構造物による個体群の分断が起きにくいのです。よく考えると、延々と続くコンクリートの垂直な壁でも平気でペタペタ上り、そのまま垂直面にひっついて眠ったりできるのですから、これはやはりすごいことです。さらに、アマガエルは体の色を変えることだってできます。真皮と表皮の間に黄・黒・青の三種類の色素胞を持っており、ホルモンの分泌によってそれらを調節して周囲の環境に合わせた色合いになるのです。おっと、雨の予知もできるんでした。アマガエルこそ、忍者学校や特殊部隊の教官にふさわしいかもしれません。「普通にやればできるよ」の一言で全部片づけられちゃいそうですけど。

　山地から都市部まで幅広く生息するニホンアマガエル。私が思うに、この世に野生動物は数あれど、初歩の自然観察の相手として、これより便利な存在はなかなかいません。たくさんいるし、昼間はほとんど動かないからゆっくり見られるし、それでいながらちゃんと表情があり、一匹一匹全部たたずまいが違います。アマガエルからいきもの好きになった方も多いのではないでしょうか。アマガエルには、いきものの世界の面白さが凝縮されたように詰まっています。

この色オシャレだと思うんだ

ヤマカガシ

有鱗目ナミヘビ科
Rhabdophis tigrinus
全長：60 - 150 ㎝

　いまの若い人には信じられないようなお話でしょうが、ヤマカガシは昔は無毒なヘビだとされておりました。だから私の同級生なんかも振り回したりして遊んでいた奴とかいました。危ないことをしていたものだと思います（そもそもヘビがかわいそうです！ そういうことはやめましょう）。実際に死亡事例も複数発生しており、現在出版されている図鑑には、どれもみな、ヤマカガシは毒蛇である旨が記されています。

　人が死ぬこともあるほどの毒を持つヤマカガシが無毒だと思われていた理由は、ひとつにはおとなしいヘビで滅多に咬みついたりしないこと、もうひとつは、毒牙が口の奥の方にあるため、浅く咬ま

れたくらいでは毒の影響を受けないことです。毒蛇というと、マムシとかコブラみたいに、毒牙が口の前のほうにあるというイメージを持たれる方が多いでしょうが、そういうのは『前牙類』といい、ヤマカガシのように口の奥の方にあるのは『後牙類』というのです。また、これとは別に、ヤマカガシは頸部に自己防衛用の頸腺毒をも有しており、首らへんを強くつかんだりするとこの毒を発射するので、目にでも入ると厄介なことになります。かつては無毒と考えられていながら、実際にはかように二種類の毒を持つヤマカガシは動物愛護法により『特定動物』に指定されており、許可なく飼育はできませんのでご注意ください。

　と言っても、先にも書いたようにヤマカガシはおとなしいヘビです。人を見ればほぼ 100 パーセント逃げるし、いじめたりしなければ咬むことはまずありません。北海道と南西諸島以外では最も普通にみられるヘビのひとつで、水辺を好み、泳ぎや潜水が巧みでカエル類をよく捕食するこのヘビは、いわば「お近くの田んぼの毒蛇」というところでしょうか。おまけに日本固有種でもあります。

　それにしても、ヘビって不思議ないきものです。脚がないだけでもおかしいのに、二重になった顎の関節で口を大きく開くことができたり、ある種のものはこのように毒まで持っているなど、奇妙な特徴をいっぱい有しています。ヘビの先祖はトカゲの仲間ですが、実は、どうやって現在のヘビに進化してきたのかという点についてはいまだによくわかっていないのです。

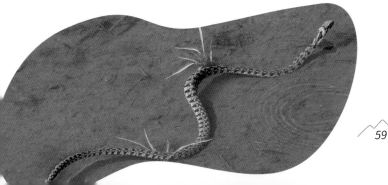

サシバ

タカ目タカ科
Butastur indicus
全長：50 ㎝

　サシバは、夏の里山を代表する猛禽です。寒い間は中国南部から
フィリピン、東南アジア、ニューギニアあたりで過ごしており、だ
いたい学校や職場が新年度に切り替わるくらいのタイミングで日本
に渡ってきます。

　体格はほぼカラスくらい。中型のタカ目にあってはほっそりした
体をしており、顔つきも精悍でかっこいいです。「ピックイー」と
聴こえる鋭い声は、一度耳にしたらすぐに覚えることができ、「ああ、
サシバがいるな」とわかります。

　サシバは農村を好む鳥で、谷津田の入り口のようなところの針葉
樹によく営巣します。その主食は両生類や爬虫類、あるいは昆虫な

ど。中でもカエル類をよく食べているようです。春やってきて秋までいて、しかも田んぼの近くで子育てをするとなると、カエルはぴったりの餌です。

　現在のように、乾田化の進行とか圃場整備、農薬などによってカエルが減少し、田んぼそのものがどんどん耕作放棄されたり開発によって消滅していく現在の農村環境は、サシバにとってあまり都合の良いものではなくなりつつあります。サシバもなかなか辛いことでしょう。せっかく渡ってきたら、前の年よりも餌が減っていたり、田んぼそのものがなくなっていたりというようなことがしょっちゅうなのですから。では、仮に繁殖地たる日本の環境が劇的に回復し、生物多様性も豊かになればサシバの生息数はただちに増えるのかというと、ことはそう単純ではありません。サシバは年の半分を南の国で過ごすのですから、そちらの方の環境も良くならなければダメな道理です。現実問題として、越冬地でもサシバは森林破壊や密漁などの危機にさらされています。

　江戸時代の日本では、自由に国内を移動することはお上によって制限されていました。つい最近でも、ちょっと田舎に行くと「一生県境を越えたことがない」なんていうお年寄りが数多くいました。だから里山というようなところはごくローカルな場所に感じられますが、その里山の猛禽・サシバは毎年、遠い国から旅してきて、国際情勢の影響を受けながら生き抜いているのです。

クヌギ

ふふ、穴あけちゃえ

虫たち集まれー！

ブナ目ブナ科
Quercus acutissima
高さ：10 - 20m

　もし、将来、昆虫愛好家を全員処刑する法律ができたとして、あなたがその時に秘密警察の捜査員かなんかになっていて、愛好家を100人逮捕しなければおまえも処刑すると言われたら、適当な場所にクヌギの木を一本、植えておくと良いでしょう。木の前で立ち止まる奴がいたら一応疑ってみる価値があり、そいつが樹液が出ているところを調べたら要監視、夜になってまたやってきたら任意同行を求め、木の幹を蹴とばしたり揺すったりしたらその瞬間に問答無用で拘束です。たぶん、私みたいのがいっぱい捕まり、あなたは処刑どころか昇進確実です。

　虫好きな連中がゾロゾロとクヌギに誘引されてしまうのは、もち

ろん、この木の独特なコルク状の樹皮からしみ出す樹液に、カブトムシやクワガタをはじめとするいろんな昆虫が集まってくるからです。では、どうして樹液がしみ出すのかというと、最近の研究では、ボクトウガというガの仲間が大きな役割を果たしているのではないかと考えられています。ボクトウガの幼虫はガの幼虫のくせして肉食で、木にトンネルをうがち、内側から表面を傷つけて樹液を出させ、そこに寄ってくるハエなどの小さな虫を捕食しているのです。そこに結果として、カブトムシだとか大型の昆虫も惹かれてやってきて、さらに昆虫愛好家もやってくるというわけです。

　しかし、昆虫愛好家が手をつけるまでもなく、クヌギは昔から人間の生活とともにありました。

　薪炭として、建材として、またはシイタケの榾木として、クヌギは非常によく利用されてきました。里山においてごく一般的な樹木であり、人々の生活の営みのそばにあった樹木だからこそ、そこに昆虫がやってくることも広く知られていたのです。そもそも、昔の子供だったら、理科のテストで0点をとるような奴でも、クヌギに虫が集まることくらいは知っており、他の樹種と見分けることもできたことでしょう。クヌギは、里山の景観の一部であり、里山の構成要素の大切な一部です。

　では、里山の荒廃とともにそんなクヌギも利用されなくなってくると、いきものの世界にはどんなことが起きてしまうのでしょうか。それは次項以降にて。

ウラナミアカシジミ

チョウ目シジミチョウ科
Japonica saepestriata
前翅長：16 - 23 ㎜

　一度見たら誰でもすぐ覚える、オレンジの地に幾何学的な黒い模様の「裏地」を持ったウラナミアカシジミは、雑木林のシジミチョウです。前項で取り上げたクヌギ、それにコナラやアベマキなどで幼虫が発生します。

　このチョウは近年、各地で著しく減少しています。

　クヌギやコナラはまだけっこうたくさんあるのにどうしてでしょうか。それは、このチョウがそれらの木の新芽や若い枝に好んで産卵するからなのです。つまり、昨今の手入れがされなくなった里山では新しい木が育たず、雑木林の更新がなされずじまいになってしまいがちなため、こうした性質のチョウは生きていけないのです。

かつて、里山が人間の生活と密接に結びついていた時代と、もはや生活と直接の関係は薄くなってきたけれど里山という環境を何とかして保全しようとしている現在とでは、おのずといろんなことが違ったものになってきます。

クヌギやコナラの林が薪炭林として利用されていた時代、木々は10年単位くらいで伐採されていました。そうすると地面に太陽の光が当たるようになるので種子が発芽し、かつ切り株からも新しい芽がたくさん出てきて、林が若返るのです。ウラナミアカシジミもそんな環境を利用していました。ところが、この、「雑木林は更新することで維持していく／してきた」システムへの理解が、現場で携わる人間の側に共有されていないと、変てこなことになります。ある里山で、地権者さんが大きな木を何本か伐採しようとしたところ、保全ボランティアの人たちが「この山の木は一本たりとも切らせない」と主張し、紛糾の末に結局伐採できなかった、という、笑えない笑い話のような事例も身近に聞いたことがあります。

元来が定期的に決まった形で人の手が入ることを前提としてきた「里山」の生態系の維持管理というのは、なんでもかんでも「今あるものをそのまま保護」すればいいわけではなく、「適切なサイクルで物事を回してゆくこと」が非常に大切なことです。サイクルが回らなくなっていることこそ、現在の里山の抱える大きな問題のひとつです。ウラナミアカシジミの減少は、それを端的に象徴していると言えるでしょう。

ウラナミアカシジミ

ヤママユ

チョウ目ヤママユガ科
Antheraea yamamai
開張：115 - 150 ㎜

　翅を広げると 15 ㎝にもなる巨大なガ、ヤママユは、漢字で「山繭」と書きます。その繭からは上質な蚕糸がとれ、これを『天蚕糸』といい、長野県などでは人工飼育もおこなわれています。ヤママユは飼育が難しく、手間暇もかかり、いわゆるカイコガからとれる家蚕の糸に比べて天蚕糸は断然高級で、「繊維のダイヤモンド」とまで呼ばれているのだそうです。

　そんな高級なヤママユは普段はどこにいるのかというと、幼虫はブナ科のクヌギやコナラを食べて育ちますから、雑木林の昆虫です。昼間見つけるのはわりと難しいけれど、夜になるとしばしば灯火にやってきて、夏になると環境の良い森の近くにある街灯やコンビニ

の明かりなどには、たくさん集まっていることもあります。

　ヤママユガ科のガというのは、世界に2000種以上もいるらしいのですが、大型で美麗なものが多く、その全てが、羽化して成虫になると口が退化しており、一切ものを食べず、幼虫時代に蓄えた栄養だけで過ごし、繁殖すると一生を終えるという特徴を持っています。オオミズアオもウスタビガもシンジュサンも、日本最大のガであるヨナグニサンも、オーストラリアやニューギニアにいる世界最大と言われるガ、ヘラクレスサンも、みんなそうです。空にはばたくのは子孫を次世代に残すためで、あの大きくて鮮やかな姿は、その一生の最終形態なのです。人間の世界では、洋の東西を問わず、死ぬことを「天に上る」といいますが、このようなヤママユガ科のガは、生きながらにそれをやってしまっているようなところがあります。

　真夜中、コンビニの壁に、ヤママユの目玉模様がずらりと並んでいたりすると、あたかも異界の光景のような感じも受けます。ヤママユたちは、羽化して成虫になった時、既にそれまでの世界と訣別して、異界に入っているのかもしれません。彼らは、一心にクヌギやコナラの葉を食べて育った幼虫時代の記憶を持っているのでしょうか。もし持っているとしたら、それは楽しい記憶なのでしょうか、苦しい記憶なのでしょうか。あるいは、もう全て忘れてしまっていて、繁殖のことだけに向かってプログラムされているのでしょうか……

カナブン

コウチュウ目コガネムシ科
Rhomborrhina japonica
体長：22 - 30 ㎜

　カナブンというのは、金属的な色をしていてブーンと飛ぶからカナブンです。いや、ウソではなくて本当にそうなのです。昔の人も、金物っぽくてブンブンした虫だと思っていたわけです。名は体を表すというか、カナブンにはカナブン以外の名前はちょっと考えられませんね。

　夏の雑木林でクヌギとかの樹液に集まっているカナブンは、カブトムシやクワガタに比べるといかにも脇役っぽいけれど、角張った頭がなんかカワイイし、身体の光沢も綺麗です。近い親戚には、真っ黒いクロカナブンや、緑メタリックのアオカナブンというのもいて、いずれも味わい深い姿をしています。カナブンは飛翔能力が高

いのも特徴で、鞘翅を閉じたまま後翅だけで飛べたり、地面からほぼ垂直に飛び上がれたりする反面、障害物をよける能力はあんまり高くないようで、しばしば壁やなんかに衝突しています。たまに、歩いているとバチバチとぶつかってきたりすることもあり、高速&ノーブレーキで突っ込んでくるので、下手をするとアザができるくらい痛いです。私など、どうしてそうなったのか、ぶらぶらしていたら断続的に十頭くらいカナブンに頭や顔にぶつかられて泣きそうになったことがあります。あの時は「なんで俺はこんな目に遭うんだ！」と真剣に思いました。

　ネット上には、カナブンにぶつかられるのは幸運のしるし……などというスピリチュアル方面の言説も散見されます。カナブンに衝突されて運が良くなるなら、田舎の子供はみんな幸運児でしょう。もっとも、カナブンが飛び回っているような場所で育つこと自体が、自然科学的な側面で考えると、もはや幸運と言えば幸運なのかもしれません。カナブンがいるところには雑木林があり、樹液があり、様々ないきものがいるはずです。それを体感する機会は、現代ではどこでも得られるものではないでしょう。

　一方、カナブンの側に立って見ると、いくら身体が固いとはいえ、ぶつかってきたときにはむこうだって痛かったはずです。私にぶつかったカナブンたちはその後無事飛び上がれたでしょうか。怪我はなかったでしょうか。あっちはあっちで、「ただ飛んでるだけのになんでこんな目に遭うんだ」と真剣に思ったかもしれません。

カナブン

ギラギラだぜ

カメノコテントウ

コウチュウ目テントウムシ科
Aiolocaria hexaspilota
体長：10 - 13 ㎜

　さて、カナブンにぶつかられるくらいのことが幸運とされるなら、テントウムシはそれどころではなく、ワールドワイドに縁起の良い虫とされています。そもそも漢字で書けば「天道虫」ですし、英語では「lady bird」あるいは「lady bug」。この場合の lady というのは聖母マリア様のことなのです。空に向かってパカッと翅を開くその姿は、洋の東西を問わず、見る人に天上界とのつながりを連想させていたようです。

　テントウムシは世界に約 6000 種もおり、そのうち日本国内では180 種くらいが知られています。そのへんによくいるナナホシテントウやナミテントウのイメージから、赤と黒のまだら模様でいつも

ナミテントウと一緒に
越冬していたよ

アブラムシを食べていると思われがちなテントウムシですが、実際には黄色一色のものや白っぽいものなど様々なものがおり、また肉食のものから草食のものまで食性もバラエティに富んでいます。そんなテントウムシの中でも、日本トップクラスの大きさを誇るのがカメノコテントウです。

　体長は1cmを優に超えます。光沢が強く、身体はドーム型に盛り上がっており、模様も京劇の隈取りみたいで迫力があります。そして、成虫・幼虫ともに、クルミハムシやドロノキハムシ、ヤナギハムシなどの幼虫を捕食するのです。その大きさと性質、数がそんなに多くないことから、このカメノコテントウのことを、私は「テントウムシ界のタガメ」と呼んでいます。

　カメノコテントウは成虫で越冬するので、冬でも樹皮の裏や人工物の陰などで見つけることができます。夏よりもむしろ、冬の方が観察しやすいほどです。簡単なところだと、都市公園の樹木によくある、樹木名が書かれたプレートをそーっと裏返すとこの虫がしばしば出てきます。ナミテントウなどと一緒に固まって越冬している様子は、なんだかけなげな感じがします。私はいろんな公園で冬に樹木名プレートをめくってみて、この樹種には特にテントウムシが多い、この樹種にはまずいない、という傾向もけっこうつかみましたが、それは是非ご自分の目で検証してみてください。また、裏返したプレートは必ずまたそーっと戻して、毎日同じプレートをひっくり返したりはしないように。寒い日に寝てたら突然布団をはがされるようなものですから。

タガメ

カメムシ目コオイムシ科
Kirkaldyia deyrolli
体長：50 - 65 ㎜

　1950 年代まで、タガメは、本州・四国・九州の田んぼで普通に
みられる昆虫でした。「田亀」すなわち田んぼのカメムシという和
名からも、この虫が身近な存在であったことがわかります。しかし
私が子供だった 1980 年代、地元・千葉市の郊外ではタイコウチや
ミズカマキリはいくらでも捕れましたが、タガメは、「友達のイト
コのおヨメさんの弟が捕まえたらしいよ！」みたいなレベルの、既
に UMA 化したいきものとなっており、現在では千葉市どころか千
葉県全域からほぼ姿を消し、全国的な希少種となってしまっていま
す。

　　大型の肉食性水生カメムシであるタガメは、カエル類を中心に

まだ幼生だよ

様々な水辺の小動物を捕食します。その方法は、この本の前の方に出てきた、同じ肉食性水生カメムシのアメンボやマツモムシと同様、獲物に口を突き刺して消化液を注入し、中身を溶かしてから吸いとるというもの。時には自分の体より大きな相手も捕食してしまいます。まさしく田んぼの水中の生態系の頂点に立つ虫であるわけですが、このことは同時に、餌となるカエルなどの獲物を大量に必要とし、生物量の少ない環境では生存することができないことをも示しています。圃場整備や耕作放棄など、この本にこれまで何度も出てきたキーワードが、タガメの生息環境を根本から奪っているのです。

　加えて、タガメはきわめて農薬による汚染に弱く、飼育個体の餌として農薬の使用された田んぼで捕れたオタマジャクシを与えただけでも死ぬことがあることも知られています。また、水銀灯などの灯火に誘引され、地面に落ちて脱水で死んでしまう例も多くあります。そして、最後に残った生息地には、マニアが捕獲しにやってきます。2020年、タガメは種の保存法に基づいて『特定第二種国内希少野生動植物種』というものに指定され、販売目的の捕獲や売買は禁止されました。

　里山の希少種と呼ばれるいきものすべてに共通することですが、みな、かつてはそこらへんに大量にいて、いつでも観察できるようないきものだったのです。タガメでさえも、です。だから、いま身近に見られる当たり前のいきものについても、私たちはできるだけきちんと記録しておかなければならないのです。五十年後、百年後の人々のために。

タガメ

トノサマガエル

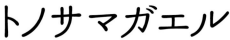

無尾目アカガエル科
Pelophylax gromaculatus
体長：4 - 9 ㎝

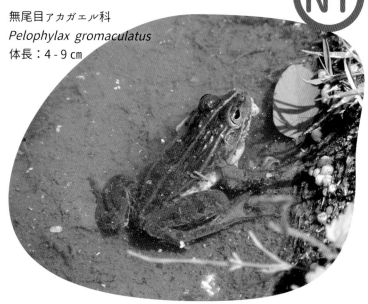

　田んぼにいる、身体の大きな緑がかったカエル、いわゆる「トノサマガエルっぽいカエル」には２種類あります。すなわち、トノサマガエルとダルマガエルです。このうち、ダルマガエルは、ナゴヤダルマガエルとトウキョウダルマガエルの二つの亜種に分かれています。

　トノサマガエルは関東平野から仙台平野にかけての地域を除く本州・四国・九州に、ナゴヤダルマガエルは東海、近畿、瀬戸内、中国地方にかけて、そしてトウキョウダルマガエルは、トノサマガエルがいない関東平野から仙台平野にかけて、それぞれ分布しています。この三つは姿かたちが大変よく似ており、分布が重なるところ

では交雑もします。一生の間、水辺を離れない生活史も共通しています。

　これらのカエルたちは、この国の芸術作品のモチーフとして、非常にしばしば用いられてきました。『鳥獣戯画』に出てきてウサギを投げたりしているカエルは明らかにトノサマガエルだし、明治の天才画家・河鍋暁斎が愛し、繰り返し描いていたのは、暁斎が下総生まれの江戸育ちであることを考えるとトウキョウダルマガエルに間違いありません。松尾芭蕉の俳句で古池に飛び込んでいるのも、深川で詠まれたものであることからしてトウキョウダルマガエルでしょう。ある程度以上の世代の方にとっては、田んぼのカエルといえばすなわちこのようなカエルであったのではないでしょうか。

えいやー

トノサマガエル

　しかし、もう日本の多くの田んぼにはカエル自体があまりいません。トノサマガエルもナゴヤダルマガエルもトウキョウダルマガエルも、みんな環境省のレッドリストに掲載される希少種となりました。現在の田んぼでは、これらのカエルがちょうどオタマジャクシをやっている時期に中干しによって水が抜かれてしまいますし、おとなのカエルは、コンクリートの三面張り水路に落ちると這い上がることもできずに流されてしまいます。人間の稲作の普及によって繁栄してきたトノサマガエル種群は、その稲作の構造の変化によって生存の道を絶たれつつあるのです。鳥獣戯画の前で学芸員さんが「このカエルは絶滅しました」と説明する日へのカウントダウンは、刻々と進んでいます。

ボクはトウキョウダルマガエル

コサギ

ペリカン目サギ科
Egretta garzetta
全長：60 ㎝

秘技！波紋漁法！

　「シラサギ」という和名のサギはいません。一般的に、いわゆる白鷺と呼ばれている白いサギにはダイサギ、チュウサギ、コサギの３種類があり、その中でコサギの特徴は、ダイサギ、チュウサギより小さいことです。

　と言っても単体で遠くから見たような場合、なかなか大きさで判断するのは難しい時もあるわけですが、コサギの場合、脚を見れば他のサギと容易に区別がつきます。ダイサギやチュウサギより脚自体が短く、そして指が黄色いのです。とにかく指が黄色ければコサギ、と覚えておけば大丈夫です。

　水田から湿地、河川、湖沼、海岸に至るまで様々な水辺で見られ、

両生類、魚類、昆虫類、甲殻類といろいろな小動物を捕食するこのコサギ。頭脳的な「漁」をすることでも知られています。

　浅い川のようなところでは、よく、黄色い足の指をプルプル震わせて魚や水生昆虫を追い出し、すかさず嘴で捕らえるということをやっています。これは、私たちが調査などでやる「ガサガサ」そのものです。果たしてガサガサを発明したのは、人間とコサギのどっちだったのでしょうか。

　コサギの漁のレパートリーは他にもあります。ある日、私は千葉市内の都市公園の池でコサギが奇妙なことをやっているのを見ました。水面に嘴の先端だけをつけ、カチカチカチと小刻みに細かく開閉して同心円状の波紋を生じさせているのです。何をやってるんだろうと思って見ていると、波紋に引き寄せられてやってきた小魚を捕えて食べているのです。ガサガサと比べても、この方法は、おびき寄せる→捕える→食べる、というところまでを一動作で行なうことができる点で優れていると言えるでしょう。高速で嘴を開閉する様子は、まるで私が好きだったアイルトン・セナが、コーナーで細かくアクセルを煽る、あの『セナ足』を連想させるものでした。このカチカチ漁法にはちゃんと名前がついており、『波紋漁法』というのだそうです。

　コサギの漁には他にもいくつかのやり方があるようです。これは知られてないやつだぞ、というのを発見したら、是非お便りください。

足が黄色いのが
チャームポイントなの

ナガコガネグモ

クモ目コガネグモ科
Argiope bruennichi
体長：♂ 8 - 10 ㎜・♀ 20 - 25 ㎜

　いきものがいきものを捕食する方法にはいろいろあります。その中で、クモの仲間には糸を出して網を張って獲物を捕えるのが多いのはよく知られたところでしょう。網を張ることには、一点でじっとしていれば良く、格闘になって怪我をしたりするリスクを避け、大きな相手を捕まえることができるなどの利点があります。

　ナガコガネグモは、北海道から南西諸島まで幅広く分布し、平地でも山地でも見られ、田んぼの周囲、草地、林縁などいろんな環境にすむ、まさしく里山のクモです。トラのような縞模様の入った大柄の身体を持ち、比較的地面に近い位置に、中央部のジグザグリボンがお洒落な『垂直円網』を張ります。

網を張る大きなクモというのは、なかなかすごいものです。よく不良などが、集団でボコボコに殴ることを「フクロにする」なんて言いますが、このナガコガネグモなどに比べればまことに甘いというか、中途半端です。ナガコガネグモは、網にかかった獲物を糸で包み込んで、本当にフクロにしてしまうのです。ヤンマのような大きなトンボだろうが、恐ろしい殺し屋・ムシヒキアブの仲間だろうが、この網にかかったら一巻の終わりです。体格や武器がいくらクモより勝っていても、糸でぐるぐる丸められ、食べられてしまいます。田んぼの近くにいて、イナゴなどの害虫をたくさん捕食することから、昔からこのようなクモは農家の人に大事にされることが多い存在でした。稲穂の間にナガコガネグモが網を張っているのは、晩夏の風物詩でしょう。

　しかし、このような網を張るのも、堂々とした縞模様の姿をしているのも、このクモの♀だけなのです。

　♂は自力で網を張らず、♀の巣に居候しており、模様はぐっと地味で、体格も遥かに小柄です。よくよくナガコガネグモの巣を観察すると、すみっこの方に、なんだかちっぽけで地味なクモがいることがあります。それが♂なのです。

　なんで居候しているかというともちろん繁殖のためで、お気楽なヒモ生活のように思えますが、これは命がけです。♀はしょっちゅう♂を食べてしまうからです。人間で言ったら、食人癖のある身長5mくらいの女の人と同居しているようなものなのです……

アリグモ

ジャンプは苦手なの…

クモ目ハエトリグモ科
Myrmarachne japonica
体長：5 - 8 mm

　クモの仲間がみんな網を張るわけではありません。実際には、半分くらいのクモは網を張らないのです。身近なところですと、超高層マンションとかでない限りだいたいどのご家庭でもいる、ちっちゃなハエトリグモの仲間も、網を張らない『徘徊性』のクモです。走り回って獲物を捕えるのです。この仲間は、眼が大きくてなかなかユーモラスな顔をしています。車に例えるなら、昔の丸目のヨーロッパの大衆車、フィアット 500 とかローバー・ミニとか、そういうのっぽい顔です。

　ハエトリグモ科のクモは、あらゆるクモの中でも種数が多く、なんと 6000 種以上も知られています。日本国内でも 100 種くらい記

録されており、それぞれにおもしろい姿をしていますが、中でもアリにそっくりなのが、その名もアリグモ属のクモです。

　大きさといい形といい、実にアリによく似ています。アリに似ているとどんな良いことがあるのかというと、アリというのは強くて群れをなしていて、「下手にかかわるとめんどうくさい奴」と他のいきものたちから思われているので、アリっぽい見かけをしていることで、アリグモもまた捕食者などに襲われにくくなるのではないか……と考えられています。こうした、強いいきものや危険ないきものに似た姿になって身を守ろうとすることを『ベイツ型擬態』といいます。

　昨今、ヒアリやアカカミアリといった外来のアリの侵入がニュース等でもしばしば取り上げられているせいで、一般の方のアリを見る目もシビアになってきた感があります。このアリグモなどもそのあおりを受け、私自身、「なんか他のアリと違う変なアリがいるんだけど、これヒアリとかじゃない？」という相談を受けたことが複数回あります。他のアリと違うのは当たり前です。アリじゃなくてクモなのですから、どんなにアリっぽくても、脚は8本あります。アリは昆虫ですから脚は6本です。それさえ覚えておけば、このアリグモに殺虫剤をかけちゃったりしなくてすみます。冤罪はいけません。

　でも、どんな理由であれ、皆様の視線が、こうした小さないきものに向くようになるのは悪いことではないと思います。葉っぱの上などでアリグモを見つけたら、是非足を止めて観察してみてください。楽しいですよ。

あれ？変なヤツいるな…

81

トゲアリ

ハチ目アリ科
Polyrhachis lamellidens
体長：7 - 8 mm
（女王アリは 12 mm）

　アリというのは要するにハチです。と言われてもいったい何がなんだかよくわからないと思いますが、アリ科の昆虫はハチ目に属しており、身体の基本的な構造はハチと一緒で、中にはお尻に針を持つものも多いのです。

　また、アリというのはいわゆる『社会性昆虫』であり、巣の中には女王アリや働きアリがいて、それぞれの役割を果たしつつ生活している……というのは、よく知られているところでしょう。アリは世界に2万種、日本国内にも300種くらいおりますので、社会性のあり方も種ごとにバラエティに富んでいます。この項では、その中からトゲアリというのを紹介したいと思います。

　雑木林にすむトゲアリは、見かけからしてけっこう変わっています。働きアリは胸部が赤く、3対6本のトゲがあります。中でも一番後ろのトゲは、釣り針状に曲がって突き出ていてよく目立ちます。一方、女王アリはトゲこそあるものの、胸部そのものは黒くて丸く、別種のアリのように見えます。

　この女王は、なかなか恐ろしいものです。

　クロオオアリやムネアカオオアリなど、雑木林で樹洞に営巣する他種のアリの巣に乗り込み、相手の女王を噛み殺し、コロニーを乗っ取ってしまうという、武闘派きわまる性質なのです。そうしておいて卵を産み、乗っ取った巣に残った働きアリたちに世話をさせ、やがて卵がかえって巣の中のトゲアリが増え、反対に乗っ取られた側の働きアリはだんだん死んでいくので、最終的に巣はトゲアリだけのものになってしまうわけです。このような行動を『一時的社会寄生』と呼びます。

　しかし、相手のアリとて社会性昆虫です。コロニーを守るために戦い、そう簡単にやられはしません。トゲアリの女王のカチコミは毎回成功するわけではなく、しばしば反撃にあい、逆に集団暴行を受けて殺されてしまいます。きっと今日も雑木林のどこかで、アリたちの命をかけた戦争が行われています。文才のあるアリというのがもしいたら、『平家物語』みたいな壮大で悲しい軍記ものを書いてくれるかもしれません。

トゲアリ

女王だって戦うわよ

クリオオアブラムシ

カメムシ目アブラムシ科
Lachnus tropicalis
体長：4 - 5 ㎜

スイーツ好き集まれ〜

　いきものの和名というのはうまくできており、和名を読めば、どんな感じのいきものなのかだいたいわかることが多いです。クリオオアブラムシは、クリをはじめクヌギやコナラなどのブナ科植物に寄生する、大きなアブラムシです。

　体長は4、5㎜もありますから、他のアブラムシに比べると「目で見える」大きさです。しかも真っ黒でよく目立つので、老眼にも優しいアブラムシと言えるでしょう。翅を有するものもいます。

　アブラムシは、アリと共生関係を築いて生活しています。

　ざっくり説明すると、まずアブラムシは植物の汁を吸い（だからいつも害虫扱いされる）、甘い分泌物を出します。これを甘露とい

います。すると、アリがこれを目当てにやってきます。アリが強くて敵にすると面倒くさい奴なのはここまでも書いてきた通り。アブラムシはアリと関わることで、テントウムシなどの天敵から守ってもらえるのです。自分自身に戦闘力がないかわりに、スイーツの好きな用心棒を雇っているようなものです。アブラムシを観察していると、アブラムシのお尻のところにアリがやってきていることがあります。これが、まさに用心棒に給料をあげているの図です。写真は、クヌギの木でクロオオアリが甘露を請求（？）しているところ。それにしても、こうしてみるとクロオオアリが冗談のように巨大に見えますね。

　秋が深まると、クリオオアブラムシは、寄生している広葉樹の幹の低いところに降りてきて、集団で産卵します。卵は楕円形で赤みがかった茶色をしており、日が経つと黒くなっていきます。母虫は産卵後もしばらく生きていますが、やがて木にしがみついたまま息絶えます。

　幹の一面に広がる越冬卵。小さなものがびっしり……というようなのが苦手な方には、思わず大声を出したくなるような光景だと思います。私もどっちかと言うとその気があるのでよくわかります。ゾワゾワっとします。でも一方で、春を待つ卵と、死してなお卵のそばにたたずんでいる母虫たちの姿には、生命のエネルギーと、それを次代につなぐことの厳しさを感じるのです。

そろそろ、甘いのくださいよぉ

ノスリ

タカ目タカ科
Buteo japonicus
全長：55 ㎝

　夏の里山を代表する猛禽がサシバなら、冬のほうの代表はこのノスリでしょう。北海道、本州中部以北、四国の産地などでは繁殖もしますが、それ以外の地域では基本的に冬鳥としてやってきます。

　サシバが両生類・爬虫類をよく捕食するのに対し、ノスリはネズミやモグラなどの哺乳類を好みます。また、早春のアカガエルの産卵期には、水場に下り、脚まで水に浸かってカエルを捕っている様子も散見されますし、たまには小鳥や昆虫を食べたりもします。カラスよりも少し大きいくらいのサイズですが、まるでフクロウのように丸っこい、がっしりした体形をしています。猛禽というのはだいたいが怖い顔をしているものなのですが、このノスリはそうで

もなく、意外と目つきが可愛いのも
チャームポイントです。飛んでいる
時には、翼の「肘」のあたりの黒い
模様が目立ち、他のタカと区別する
ことができます。

ここがポイント

「ノスリ」という、なんだか不思議
な響きの名前の由来には、いくつかの説があります。

　その地上付近を飛ぶ時の飛び方から「野擦り」というのだというもの、あるいは、韓国語起源であるというもの（韓国語でタカのことを「スリ」という）。そしてこの鳥のかわいそうなところは、古来、小学生ギャグのようなしょうもない異名がたくさんついていることで、「くそとび」「まぐそたか」「のうなしたか」などというのが知られています。なぜそんな名前ばかりがついたのかというと、先に書いたようにネズミなどを好み、鳥は偶発的に食べるに過ぎないこのぽっちゃりしたタカが、小鳥を対象とした鷹狩りにはあまり向いていなかったかららしく、平安時代の辞書『和名類聚鈔』にまで「久曾止比」と掲載されているという有様（田舎の暴走族みたいですね）。ノスリの異名を調べると、昔の人が上品で美しい日本語を使っていたという言説はウソだという気がしてきます。

　ノスリは大量のネズミを狩るのですから、鷹狩りを楽しむ支配階級にはウケが悪くても、農家にとっては味方であったはずです。現在では、東京都、神奈川県、埼玉県、千葉県と首都圏全てのレッドリストに掲載されているこのノスリ。クソだのマグソだのと呼ばれていたということは、逆に言えばその頃は全然希少な存在なんかではなく、餌となる小動物とともに、そこいら中にたくさんいたに違いありません。

ノスリ

キランソウ

シソ目シソ科
Ajuga decumbens
高さ：5 - 10 ㎝

別名 地獄の釜の蓋

　里山に春が訪れると、野の花が次々と咲き始め、モノトーンだった地面が次第に様々な色に彩られるようになってきます。キランソウも、そんな頃に花を咲かせる植物のひとつです。

　青紫の『唇状花』は、同じシソ科のセイヨウジュウニヒトエとよく似ています。違うのは、セイヨウジュウニヒトエがニョキニョキと垂直方向に延びるのに対し、こちらは地面にへばりつくように水平方向に拡散していくことです。ジュウニヒトエとキランソウは交雑ができるほど近縁で、この両者の雑種を「ジュウニキランソウ」といい、確かに中間的な見かけになります。

　閑話休題、キランソウのすごいところはジゴクノカマノフタ、す

なわち「地獄の釜の蓋」という、ぶっそうきわまりない異名を持っているところです。

　と言っても、キランソウが毒があって食べると地獄に落ちるとか、縁起が悪くて見ただけで祟られるとかいうわけではありません。むしろその逆で、この異名は、キランソウが薬草であることと関係があるらしいのです。

　古来から咳止めや胃腸薬として服用されたり、虫刺されや腫物には汁を塗るなど、いろんな症状に効くため、地獄に蓋をして病人を死なせないほどなのでそう名づけられたとも言われます。このことから「医者いらず」「医者倒し」「医者殺し」などの別名もあるそうです。医者いらずというのはいいとして、何もお医者さんを倒したり殺したりする必要はないじゃないかと思うのですが……。

　キランソウは陽当たりの良い場所に生育する植物で、道端や庭先などでもわりあい普通に見ることができます。春の野に咲くキランソウの下には地獄があると思うと、地獄というものは案外そばにある気がしてきますね。キランソウが「地獄の釜の蓋」と呼ばれた、人間の平均寿命が短かった時代には、人々は死というものをいまよりずっと身近に認識していたのかもしれません。

　ちなみに、「本名」のほうのキランソウという言葉自体の起源はなんだかよくわかっていないようです。

怖い呼び名ばっかりだけど
よく見ると可愛いでしょう?

ドジョウ

コイ目ドジョウ科

Misgurnus anguillicaudatus

全長：10 -15 ㎝

　お医者さんを倒したり殺したりするかはまた別として、現在でもサプリメントに使用されているくらい、薬効と滋養があるいきものとしての歴史を持つのがドジョウです。

　その栄養価は、カルシウムや鉄分においてウナギをも遥かに凌ぎ、ものの本によると貧血から痔（！）まで、様々な症状に効くとされています。水質汚染や圃場整備がなかった頃には、ドジョウは現在とは比較にならないくらいたくさん生息していたはずで、ドジョウがいなければ死んでいた、ドジョウによって命を救われたという人も多かったことでしょう。

　ドジョウは、漢字で書くと「泥鰌」あるいは「泥生」となります。

要するに、ドジョウといえば泥で、浅い水底の泥に棲み、そこで有機物や小動物を食べて暮らしている、というのはよく知られるところ。ドジョウもまた、その生態が稲作農業にマッチして繁栄してきたいきもののひとつです。日本が稲作農業の国となり、田んぼと水路がそこら中に張り巡らされたからこそ、ドジョウやメダカが泳ぎ、カエルたちが鳴きトンボが舞う国となったわけです。

　しかし、ドジョウというのは、普通に見かけるからこそ我々もあまり注目しませんが、実のところ大変おかしな生態を持つ魚です。もし、これがどこかの秘境にごくわずかだけ生き残っているような魚であったら、誰もが一生に一度は見てみたいと憧れるような魚となったことでしょう。まず、その5対10本のヒゲ。なんとこのヒゲには味蕾、つまり味を感じるセンサーがついており、ものを口に入れなくても、それが食べられるかどうかわかるのです。さらに、水中の酸素が足りなくなると、水面で口から空気を吸い込んで尻から二酸化炭素を排出する『腸呼吸』ができるので、他の魚よりずっと溶存酸素量の少ない水の中でも生息できます。加えて皮膚呼吸の能力もあるので、陸に上がってもそう簡単に死なないどころか、雨の日などは畦を越えて隣の田んぼに這っていくくらいのことは余裕で可能なのです。これだけの能力を持つスーパーマシンのようないきものなのですから、栄養や薬効があるのも当然かもしれませんね。

センニンソウ

キンポウゲ目キンポウゲ科
Clematis terniflora
つるの長さ：3m

　里山には、薬になるものもあれば毒になるものもあります。そもそもキンポウゲ科の植物というのはだいたい毒があり、トリカブトなどはその典型です。今回取り上げるセンニンソウは、そんなキンポウゲ科の中でも人家の付近でわりあい普通に見られ、かつ毒性の強いものです。

　センニンソウは、陽当たりの良い場所に生育するつる性植物です。夏の終わり頃から咲き始める真っ白い花は美しく、雄蕊が長くて、確かに白いヒゲを生やした仙人っぽい荘厳さがあります。一見、四弁のようだけれど、実は花弁に見えるのは萼片で、これもキンポウゲ科の植物の多くが持つ特徴です。

垣根などにもよく絡みついているこのセンニンソウには、プロトアネモニンという刺激性の物質が含まれております。

これは汁に触れれば皮膚や粘膜に炎症を起こし、食べれば胃腸を壊して下痢に嘔吐、最悪死んでしまうというなかなか強烈なものです。

鎌で刈ったりする際には気をつけましょう。汁がついた手で目をこすって、相当ややっこしいことになった人を身近に知っています。

センニンソウには、「ウマクワズ」や「ウシクワズ」という異名があります。「馬食わず」「牛食わず」です。動物はこれが危ないことをわかっており、口にしないことからそう呼ばれているのです。放牧地などでは、ウシやウマが食べないからセンニンソウだけが残って咲いているという光景を見ることもあります。かつては、これの葉を潰して川に流して魚をとったりすることもあったといいます。昔の日本人も、けっこうアマゾンのインディオみたいなことをやっていたのです。読者の皆様は絶対やったらいけませんよ。普通に水産資源保護法違反な上、人身被害が出たら刑法上の罪もつきます。

そっくりさんでボタンヅルというものもありますが、ボタンヅルもほとんど同じ仲間で、同じように毒があるので、普通の人は実用上、見分け方を覚える必要はありません（興味のある方はネットで検索すればいろいろ出てきます）。このてのルックスのものを扱うときは注意する……ということだけ覚えておいてください。

オオアカマルノミハムシ

コウチュウ目ハムシ科
Argopus clypeatus
体長：4 - 5 ㎜

　自然界というのはすごいもので、「ウマクワズ」とまで呼ばれるセンニンソウなどにも、ちゃんと天敵がいます。そのひとつがこの、丸っこい体形の鮮やかな朱色をしたハムシ、オオアカマルノミハムシです。センニンソウやボタンヅルのようなキンポウゲ科の植物を食草とし、それらの生育するところで春先に成虫が見られます。

　センニンソウとボタンヅルがそっくりであるように、オオアカマルノミハムシにも、オオキイロマルノミハムシというそっくりさんがいます。オオアカマルノミハムシは、脚の「膝から下」のところが黒く、オオキイロマルノミハムシは脚が全部赤褐色なのが見分け

のポイントなのですが、生態は
だいたい一緒、食べるものもセンニ
ンソウやボタンヅルで一緒です。

　ノミハムシ、すなわち蚤葉虫という変な
名前は、この仲間が身の危険を感じると発達
した後脚でジャンプして逃げるところに由来して
います。大きさといい形といい、テントウムシそっ
くりだけれど、触角を見れば区別できます。テントウム
シ科の昆虫の触角は短くて、先端がふくれた棍棒型になって
いるのに対し、ハムシ科の触角はずっと長くて、先端が棍棒状
になっていないのです。カメノコテントウの項で書いたように、あ
る種のテントウムシはハムシを捕食しますから、テントウムシ類似
のハムシの仲間は、どちらかと言うとテントウムシに擬態すること
で身を守っていることになります。例の『ベイツ型擬態』ですね。

　日頃、ハムシに着目して暮らしているという方は、虫好きな人か
研究者だけでしょう。しかし、ハムシというのは日本国内だけで
600種以上、世界ではなんと4万種もいます。みな植物食で、それ
ぞれの種類ごとに食べる植物が決まっているため、その地域にどん
なハムシがいるかをみると、その地域の植生もわかります。そうい
う点では、里山環境を語る上で外すことのできない存在です。中に
は、先に述べた触角以外、模様から何から全てがテントウムシそっ
くりなヘリグロテントウノミハムシや、大きくて色鮮やかなオオルリハムシなど、面白い種がたくさんいます。ひとつ、今年は皆様の
ご近所にどんなハムシがいるか調べてみてはいかがでしょうか。

オオアカマルノミハムシ

アオスジアゲハ

チョウ目アゲハチョウ科
Graphium sarpedon
前翅長：30 - 45 ㎜

　チョウもまた、幼虫がどんな植物を食べるかは種類によって決まっています。アオスジアゲハの場合は、クスノキの葉です。

　クスノキは、元来、中国南部や台湾などに自生する、暖かい気候を好む南方系の樹木です。日本には、『史前帰化植物』といって、非常に古い時代に人為的に持ち込まれたものではないかと考えられています。ということは、ことによるとこのアオスジアゲハも、それとともにやってきたのでしょうか。いずれにしても、日本国外では東南アジアからオーストラリアまで広く分布する、こちらも南方系のチョウであることは間違ないところです。

　クスノキは神社によく植えられており、地域で「ご神木」と呼ば

れて敬愛されるような巨木もあちこちにあります。神社の杜でアオスジアゲハによく出会うような気がするのは、錯覚ではありません。そこにクスノキがあるからです。

その一方でクスノキは街路樹などにもよく使われていますから、それがあるところなら、例えば東京都心のような、そうとう都市化が進んだところでもアオスジアゲハの姿が見られます。近年の地球温暖化に伴い、分布はだんだん北上しているようです。現在では東北地方まで進出していますから、数十年後の昆虫図鑑には、「北海道でも見られる」なんて書かれるのかもしれません。

アオスジアゲハは、国内で見られる他のアゲハチョウ科のチョウとは異なる特徴をいろいろ持っています。例えば、ほとんどの場合、翅を拡げずに閉じたままとまりますし、樹木の幹ではなく葉に蛹をつくります。そして、翅の青い部分には鱗粉がありません。南からやってきて、かつては神様とともにあり、いまは都会の風景にもなじみ、温暖化とともにむしろ勢力を拡大しているアオスジアゲハには、稲作農業とともに繁栄し、そして衰亡しつつある多くの里山のいきものとは異なる顔があります。

それにしても、アオスジアゲハというたったひとつの種を語ろうとするとき、生物学のみならず、地理学、気象学、歴史学、社会学、宗教学などなど、数限りないファクターが複雑に絡み合っているのがわかります。いきものの世界の間口は広く、その先は限りなく奥深いのです。

アオスジアゲハ

アカギツネ

食肉目イヌ科
Vulpes vulpes
体長：45 - 80 ㎝

　10年ほど前、千葉県北部で企業を経営していらっしゃった、当時60代のご夫妻のお宅で、ある仕事のことで打ち合わせを終え、お茶を頂きながら歓談していた時のことです。たいへんいきものに造詣が深いご夫妻で、近隣の動植物についていろいろと興味深いお話を伺いました。その中でふと、奥様が思い出したように言いました。

　「このへんにはキツネがいるんですよ」

　「おお、キツネですか」

　千葉県はキツネが少ない県です。私はその先の展開を大いに期待して聞いていました。ところがです。

「はい、キツネ。それでね、大島さん、『狐の嫁入り』っていうの知ってます？」

「……えっ？」

「青い火が、ぼうっと光ってね、一列に進んでくの。ねえあなた、何回も見たわよね」

「うん、見た見た」と旦那様。

「あれ、キツネだと思うのよ。キツネこのへんにいますからね」

「どこでご覧になったんですか？」

「あそこ」

指さしたのは、すぐ目の前のお庭の築山でした。手元のお茶菓子を投げれば届くくらいの距離です。ちょうど日が沈み、闇が下りてきていました。一瞬、背筋がゾッとしました。

「油揚げあげとくと、なくなってるの。大島さん、キツネってほんとに油揚げ食べるんですか？」

ご夫妻が見たものが何だったのか、私には答える術がありません。油揚げを食べているのが何だったのかも。ただ、平成の時代になっても、社会的に認めるれお仕事をなさっていて、地域で尊敬されている方が、当然のように自分の見た現象をキツネと結びつけていたというところに、キツネと人間のかかわりの歴史の容易ならなさがあります。夫妻のお宅の付近にキツネが本当に生息していることは、別のルートからも確認が取れました。あの築山に、青い火はいまも来ているのでしょうか。

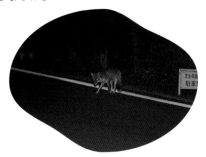

キツネノカミソリ

キジカクシ目ヒガンバナ科
Lycoris sanguinea
高さ：30 - 50 ㎝

　キツネノカミソリは、本州・四国・九州に自生するヒガンバナ科の植物です。その名は、葉が鋭い刃物のような形で剃刀に似ていることに由来するとも、花が暗いところに群生して咲き、かつ燃えるような色で狐火のようだからとも言われます。

　同科同属のヒガンバナと同じく鱗茎にはデンプンを含んでおり、どうやら縄文時代から食べられていたようです。しかし、油断は禁物です。ヒガンバナ同様やはり毒があり、アルカロイドの一種・リコリンを含んでいます。

　うっかり服用すると嘔吐や痙攣を起こし、最悪の場合死に至ることもあります。水溶性の毒なのでよくよく水にさらして毒抜きをす

れば良いのですが、中世には飢饉の折、満足な毒抜きをせずにこれらの植物を食し、死んだ人もいる……といった悲しい逸話も伝わっています。ヒガンバナが「幽霊花」「死人花」などと呼ばれるように、キツネノカミソリもまた「地獄花」「数珠花」といった、聞く人の居心地を悪くさせるような異名を持っています。それは、積み重なった実例から帰納法的に生まれた名であるという側面もあるのかもしれません。お腹が減っても食べるものがなくて、やっと食べたものに当たって苦しんで亡くなるなんて、どんなに辛かったことでしょう。

　ヒガンバナがちょうど彼岸の頃に咲き始めるように、キツネノカミソリはお盆の頃に咲き始めます。そのあたりも、この世ならぬものの影と結びつけられてきた理由かもしれません。キツネノカミソリは林縁や林床に生えるのですが、森の底を埋め尽くすようにこの花が咲いている時、木漏れ日が射し込むと、まるで地面から炎が立ち上っているかのように見えます。

　夏の終わりとともに、赤い炎のような花は消え、かわりに朔果が現れます。中には黒い種子が入っており、翌年の春に、例の刃物のような葉が地面から出てきます。夏になると葉は枯れて花茎が伸びてきて、また花が咲きます。現在では、そのサイクルを近所で見ることのできる人は幸福です。開発や森林の荒廃で、キツネノカミソリは各地ですっかり数を減らしているのですから。私はこの花がたくさんある場所に来ると、いつも、斎藤隆介先生と滝平二郎先生の絵本『花さき山』を思い出すのです。

ショウリョウバッタ

バッタ目バッタ科
Acrida cinerea
体長：♂ 45 - 50 ㎜・♀ 75 - 80 ㎜

　とんがった頭をした大型のバッタ、ショウリョウバッタは、漢字だと「精霊」と書きます。お盆の頃に成虫が現れるからとも、精霊流しの精霊船に似ているからだとも言われます（千葉生まれの私は精霊流しを見たことがないので、九州方面にお住まいの方は、本当に似ているかどうかご教示くださると幸いです）。いずれにしても、これまたあの世の影がちらつくいきものです。このバッタは、ご先祖の魂が帰ってきたものである……という言い伝えのある地方もあるそうです。

　この種の♀は、国内最大のバッタでしょう。大きなものは 10 ㎝近くにもなり、工作機械のようなメカメカしい迫力があります。一

方、♂はその半分くらいの体長しかなく、痩せていてどことなくフニャフニャしています。繁殖行動の時など♂が♀の上に載っていて、オンブバッタをそのまんま拡大したような姿ですが、オンブバッタはオンブバッタ科、ショウリョウバッタはバッタ科で、血のつながりはあんまりありません。

　ショウリョウバッタは、イネ科植物を餌とし、草地に好んで生息します。従って、墓地近辺で目撃しやすいバッタです。田舎の墓地というのはだいたい地域で草刈りなどを定期的にやっているので、ショウリョウバッタ向きの環境となるからです。お盆の頃に出てきて、墓地まわりによくいて、しかも大きくて目立つ♀はわりかし動きが鈍く、素手で簡単に捕まえることができるなど、生態的に、お墓参りに来た人に強い印象を残す要件が揃っています。

　しかし、昨今、日本中で少子高齢化が進んでいます。地方の過疎化も著しいものがあります。墓地の管理も行き届かなくなってきているところも多くなりました。荒れ藪と化してしまった墓地には、ショウリョウバッタはすめません。子孫がいないなら、ご先祖様の魂も戻ってくることはない理屈です。里山というところは、結局のところ、人がいるからこそ里山なのであって、人の営みがなくなった里山は、既に里山ではないのです。

　などとまじめな話をしておいてなんですが、気になるのは、このバッタの近縁に「ショウリョウバッタモドキ」という、やはり草地にすむ、ちょっと小さいのがいることです。果たして、このモドキの方にもご先祖様は乗っているのでしょうか……

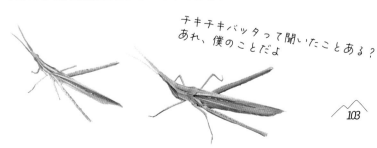

チキチキバッタって聞いたことある？
あれ、僕のことだよ

オオサンショウウオ

有尾目オオサンショウウオ科
Andrias japonicus
全長：50 - 150 cm

絶滅危惧Ⅱ類
VU

　オオサンショウウオというと、たいそうな山奥に生息しているという印象を持たれるかもしれません。しかし、生息地に行ってみると、意外と人里近くに生息しており、村の中を流れる川や用水路、というようなところによくいます。そうした流水の中で、日中はじっと休み、夜になると魚や甲殻類などの小動物を食べて暮らしているのです。オオサンショウウオは時に1mを越えるほどにまで成長しますから、生息地では水の中の生態系の頂点に立つ捕食者です。

　オオサンショウウオの仲間は、現生の両生類の中では最大のものです。オオサンショウウオ科には、オオサンショウウオ属とヘルベンダー属があり、オオサンショウウオ属には日本のオオサンショウ

ウオとチュウゴクオオサンショウウオが、ヘルベンダー属にはアメリカにすむ、オオサンショウウオ属の2種よりちょっと小柄なヘルベンダーという、合計3種が生きています。数百万年前まではヨーロッパにもオオサンショウウオ属のサンショウウオ、学名を *Andrias scheuchzeri* というのがいま

僕はナマズ…
サンショウウオさんと似てる？

オオサンショウウオ

したが、出土した化石を見たヨーロッパの学者たちにはその正体がわからず、ノアの洪水で死んだ子供の骨だと考えたり、大きなナマズだと思ったりしていました。1830年に日本から生きたオオサンショウウオが持ち込まれ、それとの比較によって、はじめて *Andrias scheuchzeri* がオオサンショウウオの仲間だということがわかったのです。ちなみに、この生きたオオサンショウウオを日本から運んできた人物こそは、あのフィリップ・フランツ・フォン・シーボルトでした。シーボルトは2頭を持ち込もうとして、そのうち1頭は航海中に死んでしまったそうですが、残りの1頭はシーボルトと一緒にオランダの土を踏んだのち、51年間も生きた記録が残っています。シーボルトが持ってきたオオサンショウウオは、もとは1826年に三重県の鈴鹿で捕まったものということです。オオサンショウウオが幼生から成体に変態するまでには5年くらいはかかります。シーボルトが

手に入れたのがエラのついた幼生であったとは思えませんから、シーボルトのオオサンショウウオは最低でも60歳まで生きたことになります。

オオスズメバチ

ハチ目スズメバチ科
Vespa mandarinia
体長：27 - 50 ㎜

　オオスズメバチは、スズメバチとしては世界最大のハチです。2019 年、インドネシアでウォレスズ・ジャイアント・ビーというめちゃくちゃ大きなハチが見つかって話題になりましたが、それはハキリバチ科のハチでしたから、スズメバチ科で最も大きく、かつ強力な毒を持っているのは、やっぱりこのオオスズメバチということになります。いまだに人間が刺されて死亡する事故は毎年起きています。そのような猛獣並みの殺傷能力を持ついきものがごく身近にたくさん暮らしているというのも、日本の里山の特徴のひとつです。

　テレビとかに出てくるオオスズメバチは、とにかく危険なもので、

最後には駆除されるという絵面で紹介されていることがほとんどです。しかし、オオスズメバチは別段、人を見れば絶対襲ってくるというようなことはありません。現に、何十年も野山をうろうろしている私自身、一度も刺されたことがないのです。イモムシを大量に狩るオオスズメバチは、農業害虫の発生を抑えるという点では人間にとってむしろ益虫の側面さえ持っています。気をつけなければならないのは、特に働きバチの攻撃性が高まる秋口以降、何らかの原因でハチが集団で興奮している時や、巣のあることに気づかず出会い頭に近接遭遇するような場合でしょう。巣はほとんどの場合、雑木林の樹木の根元などの地下にあります。ハチの動きを観察すると、「だいたいあのへんにあるな」とわかるようになります。

　巣の中には、当然、女王バチがいます。

　こんな強いオオスズメバチの女王様は、さぞかし大勢の部下にかしずかれて「5秒以内にプリンとバウムクーヘンとイチゴ大福を持っていらっしゃい、さもなければ死刑よ」みたいな感じで権勢をふるっていると思いきや、そうでもありません。春が来て越冬から目覚めた女王様は、たったひとりで巣をつくり、卵を産み、子育てをするのです。毎日せっせと子供全員のための餌を集め、かつ巣の拡張工事も進めます。育てた働きバチが羽化するまで、このワンオペの極致みたいな暮らしはおよそ一ヶ月続き、子供たちが働けるようになると、ようやく労働から解放されて産卵などに専念できるようになります。やがて冬が来ると、女王様も働きバチも雄バチも死に絶えて翌年の女王になるハチだけが冬を越し、もしも春を迎えることができたら、新しい巣をつくり始めるのです。

オオムラサキ

チョウ目タテハチョウ科
Sasakia charonda
前翅長：45 - 65 ㎜

　夏の日中、樹液にオオスズメバチがやってくると、だいたい他の虫は一歩引いて場所を譲ります。でも、オオムラサキは違います。翅をはためかせて争い、時にはオオスズメバチを追い払ってしまうのです。

　日本の国蝶として知られるオオムラサキは、世界最大のタテハチョウのひとつです。国蝶というのは1957年に日本昆虫学会が定めたもので、政府が閣議決定とかで決めたわけではありません。選定理由としては、雑にまとめると、

・日本全国的に分布している
・色が綺麗で大きい

などの点が挙げられています。国蝶というと日本固有種のようだけれどそういうわけでもなく、中国や台湾にも分布しています。

　幼虫はエノキの葉を食べて成長し、成虫はクヌギやコナラなどの樹液に集まるオオムラサキは、確かに日本の里山環境にマッチした生態を持つチョウと言えるでしょう。紫色の♂は本当に美しいし、焦げ茶色の♀は♂よりさらに一回り大きく、カナブンなどと並ぶと冗談みたいに巨大に見えます。そして、このオオムラサキは穏やかな性格ではありません。気が強く、積極的に他の虫を蹴散らします。♂同士は縄張りを巡って激しく戦ったりもするので、羽化した時は輝くようだった翅は日ごとにボロくなっていきます。大柄でかっこよくて物静かで力持ちならとっても良い人ですが、大柄でかっこよくて喧嘩っ早くて力持ちというのは周囲もたいへんです。

羽の傷は勲章だぜ

　近年、雑木林環境の悪化に伴い、オオムラサキは各地で数を減らしています。同じタテハチョウ科で、同じように幼虫がエノキを食草し、成虫は樹液にやってくるゴマダラチョウも、やはり減少しています。そして、オオムラサキやゴマダラチョウが姿を消したあとには、これまた幼虫がエノキを食草とし、成虫が樹液に集まる、特定外来生物のチョウ・アカボシゴマダラが入り込みつつあります。都市部近辺の里山では、どんどんアカボシゴマダラが多くなってきました。

キジ

国鳥だよ！

キジ目キジ科
Phasianus colchicus
全長：♂ 81 ㎝・♀ 58 ㎝

　20年くらい前、知人に「地震の前になるとキジが鳴くっていうけど、ホントですか？」みたいなことを聞かれたことがあります。まだいきものにかかわる仕事をしていなかった私は「ウソですよそんなの。迷信」とか切り捨ててしまったのですが、のちに鳥類の専門家にお話を聞いたところ、キジが地震を予知できるというのはおそらく事実で、足の裏が敏感なキジはごくわずかな揺れの始まりでも感知できるのだそうです。Rさん、あの折はこちらこそウソを申し上げてたいへん失礼いたしました。

　人里近くの林、草地、農耕地などにすむキジは、飛ぶよりむしろ歩くのが得意で、追いかけると飛ぶ前に走って逃げようとしたりす

るほどです。地震の予知ができるというのも、そのよく発達した足と関係あるのかもしれません。いずれにしても、日本の国鳥・キジが地震を予知できるというのは、なんだか日本列島の国土の特徴を表している気もします。

　キジが国鳥に選定されたのは1947年のことで、オオムラサキが国蝶であるのと同様、政府がそう決めたり法的拘束力があったりするわけではなく、日本鳥学会が定めたものです。他にはハト、ウグイス、ヤマドリ、ヒバリなどの候補が上がっていたそうですが、

・日本固有種である
・姿が美しい
・留鳥なので一年中見られる
・猟に適していて肉がおいしい

等々、もろもろの理由から選ばれたということです。

　国鳥に積極的に狩猟が許可されているというのは諸外国にあまり例がないようですし、食べるとおいしいという理由で国鳥になっているというのも珍しいことです。そのことについて、昔は私は、日本人が自然保護への意識が薄くて食いしん坊であることを示しているようでなんとなく恥ずかしく感じていたのですが、自分がいきものの世界に深くかかわるようになるにつれて考えが変わり、キジが国鳥であるというのは、それもまた、日本では歴史的に里山という装置を媒介として野生生物と人間の生活の距離が近かったということを象徴しているのかもしれないと、いまは思っています。

食べると美味しいから
国鳥だったなんて…

ウグイス

ホー…ホケッ？ホケッ？

スズメ目ウグイス科
Cettia diphone
全長：♂ 16 ㎝・♀ 14 ㎝

　ウグイスというのはたいへん地味な小鳥です。背中は緑がかった薄い褐色をしており、腹側は白く、なんとも見栄えのしない姿です。「ウソつけ。ウグイスは綺麗な黄緑色をした鳥だ。目の周りには白い輪っかもある」と思った方、間違えてます。それはメジロです。

　ウグイスはまた、たくさんいる割にめったに姿を見ない鳥でもあります。もっぱら藪の中みたいなところにいてあまり開けた場所に出てこないからです。「いや、梅の花の蜜を吸いに来るだろう。花札に描いてあるじゃないか」と思った方、それも間違いです。「梅と鶯」は春の季節ものの取り合わせで描かれているだけで、ウグイスは花の蜜は吸わず、昆虫や種子を食べて暮らしています。メジロ

は花が大好きなのでよく梅に来ていますが……。

ウグイスは、日本の多くの地域では留鳥で、一年中そこらへんにすんでいます。「違う、渡り鳥だろう、冬は鳴き声を聞かないぞ」と思った方、すいませんがやはり間違いです。「ホーホケキョ」というのは繁殖期の♂だけが出す鳴き声でして、ウグイスのふだんの鳴き声は「チャッチャッ」とか「ジャッジャッ」というような声で、知っていれば冬でも聞こえます。

誰が呼んだか『日本三鳴鳥』というのがあります。ウグイス、オオルリ、コマドリです。その中でもっとも身近で、もっとも多くの人に親しまれ、もっとも鳴き声がよく知られているのは間違いなくウグイスでしょう。古くは奈良時代から和歌にうたわれ、昭和の時代にあってはハワイに移民した人々によって現地に持ち込まれ、野生化して日本発の外来種のひとつとなっています。遠く故国を離れた人々は、ふるさとを思わせるものとしてウグイスの声が聴きたかったのです。それなのに、ウグイスは現代の日本人にとって、その基礎的な形態や生態すらよく知られていない鳥となっています。実際、ウグイスほど誤解されている鳥はいないのではないでしょうか。

地味で見栄えのしないウグイスの背中部分の緑がかった薄い褐色こそは、日本の伝統色たる『鶯色』で、着物などに用いられるととても上品で素敵です。パステルカラーの黄緑色が鶯色なのではないのです。社会がいきものとの接点を失うと、文化の質もまた変わってゆくのです。

キキョウ

絶滅危惧II類
VU

キク目キキョウ科
Platycodon grandiflorus
高さ：50 - 100 ㎝

　秋の七草のひとつとされ、日本全国に分布するキキョウ。しかし、野外で実際に自生するものに出会う機会は年々少なくなってきました。

　キキョウの減少の大きな要因は、二つあります。ひとつは、観賞目的でやたらと採掘されてしまうことで、これは野生ランの仲間やリンドウの仲間など、見た目の美しい植物に共通の減少要因です。20世紀後半に起きた「山野草ブーム」は、それまでは普通種だった実に数多くの植物を、絶滅の縁へと追い込んだのです。

　そして、もうひとつが、キキョウの生育に適した、定期的に手の入っている反自然的な草地、例えば茅場のような場所が、各地で消

滅してしまったことです。時代の変化とともに、そのような草地は人間にとって産業面、生活面での役割を失い、手入れをされなくなったり荒れ果てたりしていったのです。要するに、キキョウが減ったのは、一方では人間が里山に手をかけなくなったことで生える場所がなくなり、また一方では、それでも残ったものを人間が掘っていってしまったから、ということになります。

キキョウの花の水色は、『桔梗色』と呼ばれ、その五弁の花は、図案化されて『桔梗紋』となっています。この紋は美濃源氏系の氏族に多く用いられ、かの明智光秀も家紋としてこれを用いていました。本能寺の変の際、寺に攻め込まれたのに気づいた織田信長が「敵は誰か」と問い、桔梗紋を見た森蘭丸が「明智です」と答えるシーンは、『信長公記』の中でも劇的なやりとりです。桔梗の紋、という端的な言葉から、蘭丸は謀反を起こしたのが光秀であることを悟り、信長は自分の運命を知るのです。

そのキキョウが、いま、日本の野山から徐々に姿を消しつつあります。

このままキキョウが消えてゆけば、なぜ鮮やかな水色を桔梗色というのかということを、人々はリアルな実感とともに理解することができなくなることでしょう。そして、キキョウという花の名前も、『桔梗色』『桔梗紋』という言葉も、ただの記号となってしまうことでしょう。生物多様性の喪失は、この国の人々の心の豊かさのベースが損なわれることでもあることを、私たちは忘れてはなりません。

ヤマトシリアゲ

シリアゲムシ目シリアゲムシ科
Panorpa japonica
体長：15 - 22 mm

　本能寺の変で織田信長が炎の中に消えたのは 1582 年ですから、いまから 440 年くらい前のことです。『里山』というシステムが誕生するきっかけとなった縄文時代は 1 万 3000 年くらい前に始まりました。日本列島に人類が居住し始めたのはそれよりさらに数万年前、ホモ・サピエンスが現れたのはさらにその数十万年前です。

　しかるに、このヤマトシリアゲが属するシリアゲムシというのは桁違いに古く、ペルム紀、つまり恐竜時代到来以前の 2 億数千万年前にはすでに現在と大差ない姿で存在していたのだそうです。これは、『完全変態』つまり、卵→幼虫→蛹→成虫という順番で変態をする昆虫の仲間としては最古の部類に入ります（幼虫から蛹になら

ず成虫になる変態 ── バッタやカマキリがす
るようなもの ── のことは『不完全変態』と
呼びます）。

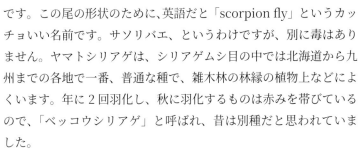

　シリアゲムシという名前の由来は、♂の尾
の先端が、くるりんと巻き上がっているから
です。この尾の形状のために、英語だと「scorpion fly」というカッ
チョいい名前です。サソリバエ、というわけですが、別に毒はあり
ません。ヤマトシリアゲは、シリアゲムシ目の中では北海道から九
州までの各地で一番、普通な種で、雑木林の林縁の植物上などによ
くいます。年に2回羽化し、秋に羽化するものは赤みを帯びている
ので、「ベッコウシリアゲ」と呼ばれ、昔は別種だと思われていま
した。

　体長は2㎝くらいしかないし、「ドラえもん」に出てきた、「ウマ
タケ」（竹馬に乗れないのび太のためにドラえもんが出した、22世
紀の科学が産んだ馬と竹のハイブリッドという、もはや道具ですら
ない無茶＆危険な代物）を思わせるアンバランスな格好をしていて、
飛び方もぷにょーんとしていてどん臭いものです。しかし、れっき
とした肉食昆虫で、とんがった口吻を突き刺して死んだ虫の体液を
吸ったり、時には生きた虫をも襲うことがあります。さらに、♂が
餌のある場所で待ち伏せたり、♀に餌をプレゼントしたりし、♀が
食事をしている間に交尾を遂行するという、賢いんだか卑怯なんだ
かわからない習性があり、これは『求愛給餌』あるいは『婚姻贈呈』
などと呼ばれます。2億数千万年前からそんなことをやっていたの
かと思うと畏敬の念を覚えます。い
ろんな点で、我々人類など、この虫
に比べれば小僧同然です。

きみにご馳走を
プレゼントするよ

モリチャバネゴキブリ

ゴキブリ目チャバネゴキブリ科
Blattella nipponica
体長：11 - 13 mm

　ゴキブリ目の昆虫もえらく古くから地球にいて、その起源はやはりペルム紀にさかのぼります。ちなみに、ゴキブリはシリアゲムシとは違って不完全変態の昆虫です。だから、ゴキブリには蛹というものはありません。ゴキブリの仲間は世界に 4000 種もおり、そのうち日本にも 50 種以上がいます。

　一番ポピュラーなのはクロゴキブリでしょう。黒光りしていて、ガマ口状の卵を産み、台所をカサカサ歩き回り、視界の隅を右から左に横切り、時には顔に向かって飛んだりするアイツ。その他にも、地域によってチャバネゴキブリやワモンゴキブリなどが、いわゆる家屋ゴキブリの代表格と言えるでしょう。

ですが、よく家の中でゴキブリホイホイに引っかかっているそれらのゴキブリは、実はみんな古い時代の外来種で、南方のどこかからやってきたものだと考えられているのです。その点、今回紹介するモリチャバネゴキブリは日本の在来種で、家屋に入ることもなく、日本中の里山で大量に、しかしあまり人目にはつかずに静かに暮らしています。顔に向かって飛んだりはしません。

　森林性であり、雑木林の林床で落ち葉などを食べ、有機物の分解者として生態系の中で大切な役割を担っています。たまには花の蜜を吸ったり、クヌギの樹液に来ていたりすることもあります。ちょっとはかなそうな薄い褐色をしており、体のサイズもクロゴキブリに比べれば半分以下でしかありません。見つけても踏み潰したり薬をかけたりしないであげてください。

　モリチャバネゴキブリは、幼虫で冬を越します。コンクリートブロックや庭石をひっくり返すと、体長数㎜の、クリーム色の縁取りのついた三葉虫のようなのが見つかることがあります。これがモリチャバネゴキブリの幼虫です。脚をクイッと横に踏ん張った姿はかわいくて、けなげな感じがします。私の好きな虫のひとつです。

　蛇足ですが、この種と同じチャバネゴキブリ科に、その名の通り南米に生息する「ナンベイオオチャバネゴキブリ」というのがいます。これは体長 10 ㎝、翅を広げると 20 ㎝に達するという、世界最大のゴキブリです。一度野外で実見してみたいものです。

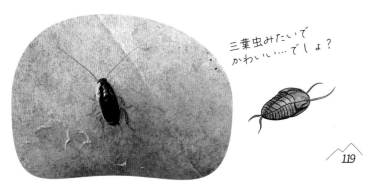

三葉虫みたいでかわいい……でしょ？

アカケダニ

ダニ目ナミケダニ科
Trombidium holosericeum
体長：3 mm

　ダニ、という言葉の響きには、ゴキブリ以上にネガティブで不穏なものがあります。

　「いやー、あなたダニみたいな人ですね」と誰かに言ったら、普通、喧嘩になります。ダニというのはそのくらいイメージが悪いいきもので、人や動物にとりついて血を吸うマダニだとか、家屋の中で人の垢やカビを食べて暮らしているツメダニだとかが有名ですね。本当のところ、ダニというのは知られているだけで5万種以上もおり、大きさも生活もバラエティに富んでいます。水の中で暮らす水生ダニの仲間もいますし、鳥の羽毛の中で暮らすウモウダニなんてのもいます。分類学的には、8本の脚が示す通り、ダニは本来、サソリ

やクモ、ザトウムシなどに近いいきものです。

　さて、その中でこのアカケダニというのは主に林床の落ち葉の中で暮らし、時折地上を歩き回ります。体長は3mmにも達するため、肉眼でもはっきり見ることができます。何よりも、美しい真紅の体色が特徴的です。体表の質感もまるでビロードのようで、個人的に、「里山の美しいいきもの選手権・特別賞」とかをあげたい奴です。幼体の時代は昆虫の体表に寄生し、成長すると他のダニや、自分より小さい無脊椎動物を食べるようになりますので、人に対して害はありません。冬や早春には、日当たりの良い場所に出てきて、カメの日光浴みたいにのんびりしている姿をよく目にします。

　マーク・トウェインの名作『トム・ソーヤーの冒険』に、ダニが出てくるシーンがあります。

　主人公トムは、自分の抜けた歯と交換で、親友のハックルベリー・フィンからダニを手に入れ、それを授業中に競争させて遊んでいて先生にぶっとばされるのです。それは赤い大きなダニとして描かれていますから、このアカケダニのようなダニであったのかもしれません。

　真っ赤で美しく、悪いことをすることもなく、しかも名作文学にも登場するこのアカケダニなら、「あなたはアカケダニのような人ですね」と言ってもそれほど怒られないかもしれません。是非、身近な人にお試しください。ただし、ぶっとばされても自己責任でお願いいたします。

トビズムカデ

オオムカデ目オオムカデ科
Scolopendra subspinipes mutilans
体長：80 - 200 ㎜

　雑木林の林床の落ち葉の中には、実に数多くの小さないきものが暮らしています。

　ミミズやヤスデ、ダンゴムシにワラジムシ、あるいは先に取り上げたモリチャバネゴキブリなどが落ち葉を分解して土に還す働きをし、またそれらを襲って食べるいきものもいます。その代表的なものがムカデで、ムカデの中でも日本最大級なのがこのトビズムカデです。

　トビズムカデは、大きなものだと体長20 ㎝にも達します。昆虫などの無脊椎動物の他、時にはカエルやトカゲ、ネズミなどの哺乳類さえも捕食してしまいます。そんなような獲物を捕えることがで

きるのは毒を持っているからでもあり、それは『顎肢』という、脚のうち一対が顎のように変化したものを用いて獲物に注入されます。ムカデ毒は溶血性タンパク質とヒスタミン様物質を含んでおり、咬まれると非常に痛いだけでなく、アレルギー症状を起こすこともあります。万一、咬まれた際はハチに刺された場合と同様に抗ヒスタミン剤を含むステロイド軟膏を塗布し、症状がひどい場合は病院へ行きましょう。

　トビズムカデは家屋に入ってくることもあります。布団に這い込んできたとかいう話も聞きます。ムカデは狭いところ、温かいところが好きですから、そういうアクシデントはたまに起きます。お釈迦様ですらムカデに咬まれたことがあるといいますから、人類はずいぶん昔から「ムカデだ！ キャー！」なんて言ってきたのでしょう。

　他方、見るからにおっかなくて、かつ、強い毒を持つ危険ないきものでもあるムカデは、戦乱の時代には武将たちに愛されてもいました。トンボの場合と同様、兜の前立てや旗指物にしばしばムカデ柄が用いられましたし、甲斐の国から天下をうかがった武田信玄は、エリートだけを選抜した伝令部隊に『百足衆』という名をつけていました。ムカデを背負って戦場を駆けることは、武勇と名誉の証明だったのです。

　ムカデは無脊椎動物としては長命な部類に属し、トビズムカデでは数年間生きるそうです。「子育て」をすることでも知られ、母親ムカデは、産んだ卵が孵化し、ある程度成長するまで、自分の身体を丸めて守り続けます。ものを言わぬムカデが、その４つの眼で一生の間に見る光景は、果たしてどんなものなのでしょうか。

モズ

スズメ目モズ科
Lanius bucephalus
全長：20 ㎝

　ムカデといえども鳥にはかないません。海岸の岩場とかによくいるイソヒヨドリなどは積極的にムカデを捕食していますし、里山ではこのモズもしばしばムカデをくわえていたり、木の枝に突き刺して『はやにえ』にしたりしています。

　モズというのは肉食鳥で、いろんな小動物を襲います。鉤型の嘴といい精悍な顔といい猛禽めいていて、実際、分類学の父と称される 18 世紀スウェーデンの博物学者、カール・フォン・リンネは、モズをタカやハヤブサなどと一緒の目に分類していました。現在では、モズはスズメ目に属しており、また、タカ目とハヤブサ目は似ているだけでか

なり違う仲間だということが明らかになっております。

　モズをタカみたいなものだと考えたのは昔の日本人も同じでした。鎌倉時代の歴史書・『吾妻鏡』には、桜井斎頼という武士に関する記述があります。この斎頼は鷹狩りの名人で、タカだけでなくモズをタカのように使って狩りをさせることができ、三代将軍源実朝の面前でモズを用いて見事にスズメを捕ってみせ、刀をもらったというのです。斎頼に関して、吾妻鏡に載っているのはこれだけですから、彼はこの一件をもって後世に名を遺したことになります。

　タカの代わりにモズで鷹狩りをしようとした人は歴史上、他にもいました。織田信長の弟で、信長と家督を争って殺された信行も、やはりモズを飼い慣らして鷹狩りならぬ百舌鳥狩りをしており、成功率はたいへん高かったそうです。この人も信長の弟なんかに生まれなければ、才能のある面白い人として長生きできたのかもしれません。

　そしてなんと、徳川家康も、少年時代にこれをやろうとしていました。家康の場合は、側近の鳥居元忠にモズをタカみたいに腕にとまらせようとし、元忠がうまくできなかったので怒って元忠を縁側から突き落としています。21世紀の基準ではパワハラとしか言いようがありませんが、元忠はその後も一生、家康に忠実に従い続けました。その最期は関ケ原の戦いで伏見城に籠城し、数で圧倒的に上回る西軍を10日以上も足止めした末に玉砕しています。元忠の奮戦がなかったら、家康は石田三成に勝てなかったかもしれません。元忠はモズを慣らすのは苦手だった代りに、武将として名を遺したのです。

スズメ

スズメ目スズメ科
Passer montanus
全長：14 ㎝

　『シナントロープ』という言葉があります。もともとはギリシア語の「syn(一緒に)」と「anthrôpos(人間)」が合わさった言葉で、つまりは人間の生活の近くに暮らし、人間の日々の営みや人工物などを利用して人間と共生関係を築いているいきもののことです。日本の農村におけるスズメはその典型的なもののひとつで、イネ科植物の種子や昆虫を多く食べることから、田んぼのイネそのものを食べたりイネにやってくる虫を食べたりして、害鳥扱いされたり益鳥扱いされたりしながら農村風景の一部となってきました。古い日本家屋のような隙間の多い建造物はスズメの営巣にぴったりで、雨樋やなんかに巣を作られて困った経験のある方もいらっしゃることで

しょう。スズメはこんにちでも依然として非常に多数が生息している鳥ですが、それでもこの数十年間でかなり減っているのは確かで、その減少のカーブは日本の就農人口の減少のカーブと似ています。シナントロープである以上、人間側の産業構成の変化に影響を受けるのはどうしても仕方のないことなのでしょう。

　我が国でスズメがどれだけ日常的ないきものであったかということは、和名に「スズメ」を冠する植物がたくさんあることにも表れています。イネ科のスズメノカタビラ、同じくイネ科のスズメノテッポウ、イグサ科のスズメノヤリなど、そこらへんに普通に生えていて、しかも小さくてかわいいものが多いです。それというのも、スズメが代表的な小鳥であることから、小さい植物に「スズメ」とつけられることが多かったためです。反対に大きいものには「カラス」がつけられ、マメ科のカラスノエンドウと似ていてちょっと小さいのにスズメノエンドウと名がついていたり、ウリ科のカラスウリより小さいのをスズメウリといったりします。大きめ→カラス、小さめ→スズメ、というのが昔の日本人のスケール感の概念だったのでしょうか。

　いまを生きる我々も、まだその概念は普通に理解することができます。しかし、今後さらにスズメが減少を続け、ついには一般的な鳥ではなくなる日が来てしまったら、そのような時代には、もはや大きいものや小さいものの名前を野鳥の種類でもって表現するということもなくなっているのかもしれません。

キンブナ

コイ目コイ科
Carassius auratus subsp. 2.
全長：5 - 15 ㎝

　フナっていうのはコイ目コイ科コイ亜科フナ属の魚の総称です。この仲間はユーラシア大陸のみに分布し、コイに似ているがヒゲはなく、多くの種類は雑食です。ある年代以上の方にとって、フナは身近に最も普通に見られる淡水魚のひとつであったことでしょう。そのフナが、減っています。

　びっくりするくらい激減しています。全国の河川でも水路でも湖沼でも、このわずか数十年の間に、フナは圧倒的に少なくなっています。私自身、子供の頃にはたくさんフナがいた地元・千葉市の河川を調査し、見かけ上の環境はそれほど変わらず、過去の報告書でも記録されているのに、まったくフナがとれないという経験を近年

何度かしています。

　なぜ、フナはそれほど減ってしまったのでしょう。要因はいろいろと考えられます。河川改修により流れが直線的となったこと。三面張り化された水路では水草がなく産卵できないこと。圃場整備によって田んぼと水路を行き来できなくなったこと。農薬による水質汚染など。私が調査した河川や水路には、外見的には以前とそれほど変わっていないように思える場所もあります。そんな場所からも、フナの姿は消えています。

　私が育った関東地方にもともといたフナは、キンブナとギンブナです。その中でもキンブナは、スタイルがスマートで、体色が明るい黄色を帯びており、美しいフナです。その減少度合いはギンブナよりも著しく、環境省のレッドリストでも『VU（絶滅危惧II類）』に指定されています。千葉市においては、キンブナはもはや絶滅寸前といっても差し支えないのではないでしょうか。

　兎追いし彼の山、小鮒釣りし彼の川。唱歌「故郷」にうたわれる、そんな思い出を持つ千葉出身の人がいたとして、彼らが故郷に帰っても、キンブナに出会うことはもうできません。昔はああいういきものがいた、こんないきものがいた。そんな記憶は、実はとても大切なものです。かつての自然の姿を知ることで、現在の状況がどのようなものであるかを理解し、保全の目標をも定めることができるからです。里山の自然に関しては、我々は全員、年を重ねるごとに過去の語り部とならざるを得ないのです。

コンクリートは苦手だよ；

シマゲンゴロウ

コウチュウ目ゲンゴロウ科
Hydaticus bowringii
体長：12 - 14 ㎜

　1970 年代、F1 レースでロータスが速かった頃、そのマシンカラーは黒地に金色のストライプでした。これは、スポンサーであった JPS というタバコのイメージカラーで、当時は黒いマシンが少なかったこともあり、ファンに鮮烈な印象を残しました。特に 1978 年にシーズン 6 勝をマークし、チーム・ロータスに年間タイトルをもたらした『ロータス 79』は、F1 史上最も美しいマシンのひとつとも言われています。

　色といい流線型の体といい、この往年のロータスのマシンに実によく似ているのがシマゲンゴロウです。

　水生植物の豊富な池沼、水田、湿地などにすむシマゲンゴロウは、

中型のゲンゴロウの中では全国で見られる普通種でしたが、現在では環境省のレッドリストに『NT（準絶滅危惧）』として記載されております。

　かつて、ゲンゴロウ類というのは、今では想像もつかないほどに、日本中に豊富に生息していたようです。しかし1950年代以降、強力な農薬が用いられるようになると激減し、高度経済成長に伴う開発や農業の衰退、アメリカザリガニのような外来生物の影響などによって、溶けるように各地で消えてゆきました。戦前には東京の井の頭池にすら生息していたナミゲンゴロウはすっかり希少種となり、シマゲンゴロウに近縁で、やはり黒字に金色のストライプが入った色彩を持っていたスジゲンゴロウは、ちょうどJPSカラーのロータスF1が活躍していた1970年代を境に日本国内で絶滅しました。

　チーム・ロータスのマシンはというと、1980年代に入る頃には優位性を失い、勝てなくなってゆきました。チーム創設者のコーリン・チャップマンは1982年に死去し、長い低迷期を経てチームは破産、1994年いっぱいでF1参戦を打ち切りました。1987年にロータスのマシンに最後の勝利をもたらしたのは、かの天才アイルトン・セナでしたが、彼もやはり1994年、サンマリノグランプリでの事故でこの世を去りました。私はシマゲンゴロウを目にすると、つい、人の世と生態系のいろんなことに思いを馳せてしまい、「諸行無常」という言葉が頭をよぎるのです。

シマゲンゴロウ

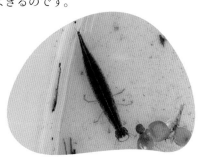

ハッチョウトンボ

真っ赤なボディかっこいいでしょ

トンボ目トンボ科
Nannophya pygmaea
体長：17 - 21 ㎜

　オニヤンマが日本で一番大きいトンボであるなら、ハッチョウトンボは日本で一番小さなトンボです。体長は約2㎝。一円玉の直径がやはり2㎝、五円玉の直径がその2㎜増しくらいですから、硬貨にちょこんと収まるほどのサイズなわけです。その割に、身体の各部のパーツの比率はもっと大きいトンボと同じくらいでバランスしているので、比較対象の写っていない単体の写真を見ると、あまり小さいトンボという感じがしません。

　ハッチョウトンボは、湧水のしみ出す湿地や休耕田のような環境で発生します。踏み込むとジュクジュク足が沈んで、モウセンゴケが生えているような、そんな場所です。生物多様性という観点から

みると、湧水のしみ出す湿地というのはきわめて豊かな場所であり、いろんな希少な動植物がいて最高の価値を持っています。しかし、人間側の産業や土地利用の観点からすると、無価値で早く埋め立ててしまった方が良い場所ということになりがちです。また、里山における湿地は、開発だけでなく、山林の管理放棄や耕作放棄などによっても遷移が進んで失われてしまいます。壊すのはもちろんダメ、手間をかけなくなるのもダメというのが里山の自然であるのはここまでも書いてきた通りです。このような小型のトンボは移動能力も低いので、様々な原因によって生息地が失われると、その後、もう一度環境が整ったとしても、再び戻ってくるのは困難です。

現在、ハッチョウトンボが見られるような環境の多くは、里山の土地利用の中で当たり前に残っているものではなく、何らかの形で人間の手で保全されていたりするというところが多くなってきました。生物多様性豊かな場所が保全されるのは素晴らしいことですが、反面、わざわざ保全されなければ残らないということは、この国の人々の経済生活のメインストリームから里山が外れてしまっているということを示してもいます。

はじめてハッチョウトンボを見に行くと、最初のうち、なかなか気がつけないかもしれません。我々の知っているトンボのスケール感と全く異なっているので、目では見えていても脳が認識できないのです。最初の一頭を見つけたら、あとはどんどん見つけられるようになります。成熟すると真っ赤になる♂、茶褐色の地色に複雑な縞模様を持つ♀。いずれも、とても印象的な鮮やかさです。

ハッチョウトンボ

モウセンゴケ

いい匂いがするなぁ

ナデシコ目モウセンゴケ科
Drosera rotundifolia
高さ：5 - 10 ㎝

　ひとくちに食虫植物といっても、食虫植物目とか食虫植物科とかがあるわけではありません。要するに、虫やなんかを捕って栄養にするという性質を備えるようになった植物をまとめて食虫植物と呼んでいるのであって、タヌキモ科、モウセンゴケ科、ウツボカズラ科など様々な分類群に属するのを含んでいます。遺伝子上はかなり違う鳥であるタカやハヤブサやフクロウを、他のいきものを捕まえる恐ろしい鳥ということで全部まとめて猛禽と呼んでいるのと少し似ています。

　食虫植物たちが虫を捕るようになったのは、彼らが土壌の窒素やリンの少ない土地 ―湿地のようなところ― に生育することから、

光合成だけでは足りず、虫を分解して栄養分を補うためです。前述のように、虫を捕るという機能は共通しているものの元来はいろいろな科に分かれている食虫植物たちですから、その虫の捕り方もバラエティに富んでおり、ハエトリグサみたいに2枚の葉で挟んで捕まえるやつ、ウツボカズラのように長い壺状の葉を落とし穴にするやつ、タヌキモのように水の中で獲物を吸い込むやつなどあります。北海道から九州まで自生し、食虫植物界にあって比較的その名が広く知られたモウセンゴケは、葉の表面にある毛から粘液を出し、それで虫をくっつける方式です。粘液からは虫の好きな匂いするので、虫の方もついつい近づいてしまうのです。丸い粘液の粒がついた毛がにょきにょき生えた葉を拡げている様子は奇抜ながらも可憐なものですが、ハエなどの小型の昆虫がこの粘液にくっつくと毛が動いて虫を抑え込んで動けなくし、かつ、消化液が出てきて虫を溶かして分解してしまうのですからなかなかコワいです。ところが、モウセンゴケを食べる虫というのもいて、モウセンゴケトリバというガがそれです。モウセンゴケトリバの幼虫は、モウセンゴケの毛の粘液の影響を受けず、反対にモウセンゴケの実や花を食べてしまうのです。食虫植物食の虫というわけですね。

　コケという名前はついているけれど、モウセンゴケ科は蘚苔類でも地衣類でもなく、れっきとした維管束植物です。なんとナデシコ目に属していますので、ハコベとかカーネーションとかのすごい遠い親戚ということになります。冠婚葬祭で出会ったらお互いびっくりすることでしょう。

ウメノキゴケ

チャシブゴケ目ウメノキゴケ科
Parmotrema tinctorum
直径：10 ㎝

　ウメノキゴケという名前を聞いたことがない方でも、写真のような、白と緑の中間のような色の、固そうな柔らかそうなものが、何かから放射状に生えているのは記憶のどこかにあるのではないでしょうか。

　梅の木苔、といっても、ウメだけにつくわけではなく、サクラ、ケヤキ、スギ、マツなどなど幅広い樹種の樹皮や枝に生えますし、石垣や墓石にも生えます。どうです、神社やお寺、お城とかでご覧になったことがありませんか？　お祖父さんの盆栽についていたりしませんでしたか？

　東北から沖縄まで分布し、雪の多い地域以外はわりあいどこにで

もあるこのウメノキゴケですが、都会ではあまり見られません。ウメノキゴケは二酸化硫黄、つまり亜硫酸ガスに弱いからです。亜硫酸ガスというのは化石燃料を燃やすと出てくるもので、従って自動車の排気ガスなどにいっぱい含まれています。そのようなことから、ウメノキゴケは大気汚染の指標生物として扱われます。その場所にウメノキゴケがあるかないかで、空気が汚れているかどうかがわかるのです。出張や遠征で行く先々の街で、その街の空気の匂いを嗅ぎながら、街路樹の幹にウメノキゴケがついているかどうか見て歩くのもおもしろいですよ。

　ウメノキゴケは、『地衣類』という仲間に属しています。

　地衣類は、スギゴケとかゼニゴケとかの『蘚苔類』と一緒に、なんとなく「コケの仲間」としてまとめられがちですが、地衣類と蘚苔類は全くの別物です。蘚苔類は、維管束植物やシダ植物と同じように光合成をする植物であるのに対し、地衣類はそもそも植物ですらなく、菌類であって、体の中に藻類を共生させているという生物なのです。菌類ということは、つまりカビやキノコの親類です。菌類は藻類を体の中に住まわせて守り、藻類は、光合成をして栄養を作り、それを菌類に提供しているというわけです。「ふたりでひとり」のいきもの・地衣類は、世界に2万種もあり、日本国内でも1600種以上が知られています。新種もまだまだ見つかっているそうなので、いまから興味を持って調べれば、あなたも発見者になれるかもしれません。

ウメノキゴケ

スジベニコケガ

チョウ目ヒトリガ科
Barsine striata
開張：32 - 40 ㎜

　地衣類を専門に食べる昆虫というのがいます。ヒトリガ科のコケガの仲間の幼虫です。ガの幼虫、つまりケムシやイモムシというのは植物の葉を黙々と食べているものというのがステレオタイプなイメージですが、菌類や地衣類を食べるものも存在しますし、前に出てきたボクトウガの幼虫のように肉食のものさえいるのです。

　地衣類食のコケガの仲間にはどういうわけか色彩鮮やかなものが多く、赤と白で救急車みたいなアカスジシロコケガとか、サイケデリックなベニヘリコケガなど百花繚乱です。中でも北海道から九州まで広く分布するスジベニコケガは、黄色がかったクリーム色の翅に赤い筋がたくさん入っていて、まるで花火に擬態してるんじゃな

いかと思うような派手派手しさです。まったく、地衣類を食って育つのに、どうしてこんな模様になるのでしょうか。その模様は♂♀で異なる上、個体間変異もあるので、数多くの個体を見るといろんなパターンを確認できます。

　こうしたガをたくさん見るには、夜、灯火の下を見るのが手っ取り早い方法です。別段、自分でライトを設定して待っている必要はありません。周囲に森林があるコンビニや道路沿いの自動販売機、照明つきの看板などを回ると、季節や月の満ち欠けによって様々なガの仲間を観察することができます。なんなら、自宅のベランダとか玄関を毎晩チェックするだけでも、年間を通せば複数種のガを記録することができるはずです。夜中にうろうろするのは怖いしめんどくさいし家族がうるさい、というような場合は、朝になってから行ってみてもいいのです。居残っているガがいます。

　もっとも、灯火に誘引されるというのは、夜間、月を目印に飛ぶ昆虫が、人工の明かりを月と間違えて集まってしまっているという側面もあるので注意が必要です。人工の電灯に引き寄せられた虫たちは、最終的に疲労や脱水で死んでしまったりします。大量に虫が集まるようなコンビニでは、朝になると地面に落ちて死んでいる虫をたくさん見ることができるでしょう。海外では、この問題に関しては、既に具体的な対応を始めている国もあります。2020年、ドイツでは、夜間照明の規制を含めた昆虫保護法の計画が発表されています。

スジベニコケガ

美しいでしょう？

オオゲジ

隠れファンのみなさまこんにちは

ゲジ目ゲジ科
Thereuopoda clunifera
体長：40 - 60 mm

　光に集まる昆虫を観察するために夜中の灯火巡りをしていると、山間部のコンビニや自動販売機などで時折、オオゲジに出会います。肉食のオオゲジは、光に集まる虫を食べに来ているのでしょう。観察するか食べるかの違いだけで、大まかな目的は私と一緒です。

　通称「ゲジゲジ」というゲジの仲間は、多足類の中にムカデ綱、コムカデ綱、ヤスデ綱、エダヒゲムシ綱とあるうちの、ムカデ綱ゲジ目に属しています。

　日本産のゲジ目には、ゲジとオオゲジがおり、大きい方がすなわちオオゲジです。体長は5cmくらいですが、脚も含めるとその2倍、3倍の長さがあり、拡げると端から端まで20cmもありそうな大物

もいます。その脚は 15 対あるのですが、敵に襲われたりすると自切するので、全部揃っていないことも多いです。ゲジは都市部にもすんでいて、家の中などにもよくいるのに対し、オオゲジはより自然度の高い環境に生息し、洞窟の中などで暮らしています。防空壕のあとや、山奥の作業小屋などでもよく見られます。

　ゲジの仲間は何しろ外見がおどろおどろしいので、世間的には『不快害虫』という身もふたもない扱いを受けています。ムカデ綱に属しているとはいっても人を咬んで傷つける能力はほぼなく、かえってゴキブリなどを捕食するのですから益虫といっても過言ではないいきものなのに、見た目が人間のマジョリティーの好みに合わないというだけで殺されてしまうのですから気の毒なものです。私の某知人は、小学生の時、身体の大きな同級生との喧嘩で負けそうになった際、相手にオオゲジをぶつけて勝ったそうです。どうせ暗い倉庫か何かで喧嘩していたのでしょう。オオゲジは筋肉や体格よりも破壊力が強いのです。まあ、「オオゲジ　かわいい」とかで検索するとけっこうヒットするので、オオゲジが大好きで、なおかつ家族や友人に打ち明けられず悩んでいるという方がもしいらっしゃっても落ち込むことはありません。マジョリティーの好みなんてどうってことはないんです。

　オオゲジをしげしげ眺めると、長い脚もさることながら、正中線上に並んだ七つの盛り上がりが目を引きます。これは呼吸に用いる『気門』です。鼻や口ではなく背中から空気を出し入れしているわけですね。「今日は空気が乾燥してるな」とかいうことを、彼らは文字通り全身で感じているに違いありません。

コキクガシラコウモリ

翼手目キクガシラコウモリ科
Rhinolophus cornutus
頭胴長：4 - 5 ㎝

　コキクガシラコウモリの身体の大きさは、リアルにカブトムシくらいでしかありません。体重は 5g 〜 9g といいますから、500 円玉ほどです。冬期、洞窟で集団で越冬しているところを観察に行くと、穴の天井からたくさんかたまってぶら下がっている姿は、耳が大きいのも相まって、まるでネコのおもちゃがいっぱいあるようにも見えます。でも、近寄って間近でよく見ると、虫でもなければぬいぐるみでもなく、一頭一頭、ちゃんと毛皮に包まれて暖かく血の通った感じがします。足など、こんなに小さい中にどうやって骨が入っているんだろうと思うほどだけれど、それでもきちんと熱と柔らかみが外見からわかるのです。哺乳類っていうのは他のいきもの

とやっぱりちょっと違います。

　空を飛ぶ哺乳類・コウモリ。ムササビとかモモンガとか、滑空ができる程度の哺乳類は他にもいますが、本格的に縦横無尽に飛び回れるのはコウモリの仲間だけです。コウモリがなぜコウモリになったのかという過程には謎が多く、いまだによくわかっていません。現在見つかっている最古のコウモリの化石は5000万年以上も前のもので、それは既に我々の知っているコウモリとほぼ一緒の形態をしています。コウモリになりかけの動物の化石、というのは、実はどこにもないのです。

　ひとつだけ確かなのは、とにかくコウモリがコウモリになったのは、結果的に生存上有利だったということです。哺乳類が世界中で6000種くらいが知られているうち、コウモリの仲間だけで、なんと1000種以上もいるのです。日本だけでみても、在来の哺乳類が100種くらい知られているのに対し、コウモリは37種ほどもいます。一番大きいのは、翼を広げると80㎝ほどにもなる、小笠原諸島にすむオガサワラオオコウモリ、一番小さいのが、北海道から九州まで分布するこのコキクガシラコウモリです。名前に「小」のつかないキクガシラコウモリは、コキクガシラコウモリより一回り大きく、頭胴長8㎝ほどになります。「キクガシラ」というのは、鼻の周囲のヒダが複雑な形状で、それをキクの花に例えたことに由来しています。生活パターンはキクもコキクも似ており、昼間は洞窟に隠れ、夕方になると出ていって、空中で昆虫を食べます。里山の昼の空には鳥が舞っていて、夜は人知れず、コウモリたちが舞っているのです。

眠い‥‥

カラスウリ

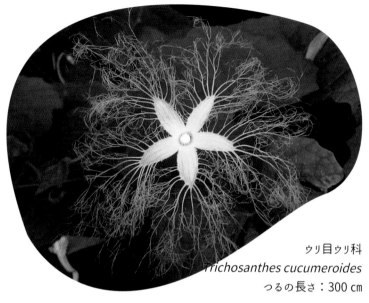

ウリ目ウリ科
Trichosanthes cucumeroides
つるの長さ：300 ㎝

　多くの植物は、日中に花を咲かせます。人間に見てもらいたいからではありません。『受粉』をするのに昆虫の力を借りるためです。花粉を花から花へと運んでくれるハチの仲間やチョウの仲間には昼行性の種類が多いので、植物の方もまた、次代に遺伝子をつなぐために明るい時間に花を咲かせるというわけです。

　ところが、夜にしか花を咲かせない植物もあります。皆さんは、カラスウリの花を見たことがおありでしょうか。林縁や藪の端っこなどにこんがらがっていて、トウガラシとトマトを混ぜたような朱色の実をつける、あのカラスウリです。食用にもならず毒にもならず、秋の里山の風景を写真に撮ると、隅っこの方でなんとなく蔓を

伸ばしてごにょごにょと写っている、あのカラスウリです。カラスウリだって、ちゃんと花を咲かせるのです。

　夏、陽が落ちたら、カラスウリのある場所に行ってみましょう。暗くなると、白い五弁の花が咲き始めます。

　花は反り返るように咲き、先端からは無数の糸状のものがさらさらと伸びて拡がっています。見ているだけで絡めとられそうなその花からは、甘い匂いも漂ってきます。まるで異界の植物のようです。カラスウリが夜に咲くのは、やはり昆虫と受粉が関係しています。カラスウリの花粉の運び役をしているのは、夜行性の大型のスズメガの仲間なのです。カラスウリの花は意外と底が深くできており、スズメガのように口吻が長い昆虫でなければ、奥まで口を差し込んで蜜を吸うことができないのです。ライトを持って花の前でじっと張っていると、運が良ければスズメガがやってくるところも見ることができます。大きなスズメガが飛んできて、花にとりついて蜜を吸っている姿はこれまた幻想的です。朝が近づいてくると、花はしぼんでしまいます。

　夜に咲く花には（と言うと韓流ドラマみたいですが）、他にもオシロイバナやユウガオ、マツヨイグサの仲間などがあります。それらもやはり、花粉を媒介するガの仲間との関係性から夜に咲きます。昆虫と植物は、長年、相互に深く関係して生き続けてきました。片方がいなかったら、もう片方もそこにいることはできないのです。

食べられそうだって？
すごーく苦いんだよ…

ヒガシニホントカゲ

有鱗目トカゲ科
Plestiodon finitimus
体長：15 - 25 ㎝

　北海道から九州まで、我々が「トカゲ」と呼んでいる爬虫類は、実は地域によって3種類に分かれています。近畿地方から西にいるのがニホントカゲ、近畿地方から東がヒガシニホントカゲ、伊豆半島と伊豆諸島にいるのがオカダトカゲです。外見はまあ……3種類ともほとんど一緒です。私は千葉育ちですので、この項の表題は一応、ヒガシニホントカゲとしておきます。この3種は生態もほとんど一緒なので、読者の皆様は、それぞれお住まいの地域にいるトカゲを思い浮かべて読んでいただければ幸いです。

　よく、カナヘビのことをトカゲだと思っていらっしゃる方がおりますが、見ればすぐ違いがわかります。トカゲは滑らかでつるっと

した感じです。ニホントカゲ／ヒガシニホントカゲ／オカダトカゲは、幼体が青い尻尾に黒いボディ、金色の縦筋が入った美しい姿をしているのに対し、成熟した♂は茶褐色をしていて地味です（♀はわりと幼体時代の色彩を残している）。おもしろいのは、春が来て、冬眠から覚めたトカゲたちが繁殖期を迎えた時です。この時期、♂同士が出会うと激しい闘争を行うのですが、その戦いが実に整然としていて、ルールのあるスポーツ的なのです。それはこんなふうに行われます。

　1. トカゲ A とトカゲ B、向かい合って睨み合う

　2. トカゲ A、自分の頭をトカゲ B の前に差し出す。トカゲ B、その頭にカプっと咬みつく

　3. カプカプしたまま数秒間

　4. 離れる。今度はトカゲ B、トカゲ A の前に自分の頭を差し出す

　5. トカゲ A、トカゲ B の頭に咬みつく

　6. 離れる。1 に戻る

　相手にも攻撃させる、というのは大変興味深いところです。

　咬みつきは一見強烈そうに見えますが、それによって出血したりすることはなく、相手に致命的なダメージを与えることもありません。力の上下関係さえ確定すればそれで良いようです。まるで「ラウンド制」のようなこの戦いは、力の差が少ないとずいぶん何ラウンドも続きます。勝利した♂トカゲへの賞典は、より広い縄張りと、よりたくさんの♀との交尾チャンスです。

アカハライモリ

有尾目イモリ科
Cynops pyrrhogaster
全長：7 - 15 ㎝

　混同されやすいいきもの、というのがいます。トカゲとカナヘビなどは、同じ爬虫類の有鱗目で、形態も似ているので間違われるのですが、イモリとヤモリは、どうも単に名前が似ていることから混同されているように思います。そもそもイモリは両生類、ヤモリは爬虫類であり、イモリは水の中にいて、ヤモリは家屋の壁とかにいます。似ているのは大きさとフォルムくらいです。このふたつの種の勘違いに関しては、イモリをヤモリと間違えるより、ヤモリをイモリと間違えるケースの方が遥かに多く、個人的にも「イモリがいます」と誰かに言われて、実はヤモリだったケースは数知れません。
　イモリとヤモリの「モリ」というのは、漢字だと「守」となりま

す。イモリは「井守」であり、ヤモリは「家守」です。井、というのは井戸に限らず、要するに水みたいなもののことです。これは前記のように、水中で暮らすイモリと、民家によくいるヤモリの生態を、それぞれ漢字一字でよくとらえていると言えるでしょう。

　イモリがヤモリと間違われるケースより、ヤモリがイモリと間違われるケースが多い理由ははっきりしています。21世紀の現在、イモリの方が断然、少ないからです。

　おなかの赤いアカハライモリは日本固有種です。田んぼや水路、小川や池沼などに生息し、肉食性で様々な水生小動物を捕食します。開発や汚染、圃場整備に耕作放棄、外来生物による食害などといったおなじみの原因で、全国各地で数を減らしています。脚や尾を失っても、外見上はほとんど元通りなものが生えてきてしまうほど再生能力の高いイモリも、生息環境の悪化にはかないません。1980年代には、千葉市の郊外にすら「何度糸を垂らしてもイモリしか釣れない池」なんてのがありました。いまはそんな池は、ザリガニしか釣れないか、池自体がもうないかです。

　日本の経済が成長するごとに、里山はその姿を変え、いきものたちは数を減らしていきました。その経済がどん底に落ち込んでも、消えたいきものたちが帰ってくるわけではありません。普通種であったアカハライモリは環境省のレッドリストに掲載されて久しくなりました。「井」を守れなかったのは、本当は私たち人間のほうなのです。

アカハライモリ

モクズガニ

十脚目モクズガニ科
Eriocheir japonica
甲幅：60 - 80 ㎜

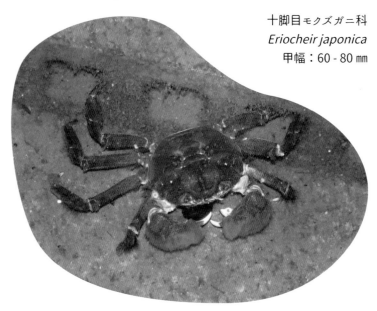

　鋏に毛が生えたモクズガニの学名の命名者は、ウィレム・デ・ハーンという人です。この人は19世紀前半、オランダのライデン博物館にいた人で ―これが何を意味するかは、ここまで読んでくださった方ならおわかりですね― このモクズガニも、シーボルトが持ち帰った標本をもとに記載されたものです。

　日本から遠くオランダまで運ばれて記載されたモクズガニは、その一生の間にも長い旅をします。

　サワガニの項で書いたように、淡水に暮らす多くのカニは海で生まれます。モクズガニもそうで、脱皮を繰り返しながらゾエア幼生→メガロパ幼生を経て稚ガニへと変態し、淡水へと遡上してきます。

河川や湖沼などに落ち着いたら、水の中の植物質のものを食べたり、時には動物質のものも摂取しながら3年〜5年ほどかけて成長し、最後には海に戻って繁殖し、その一生を終えます。海から何十kmも離れた田んぼや、どう見ても他の水場とつながっていないような池でも、大きなモクズガニの姿を見ることがあります。しかし、そんなカニたちも、いつか地下水路を使ったり陸地を這ったりして海を目指します。陸封型のモクズガニというのは知られていません。全てのモクズガニは、海に生まれ、どうにかして里山にやってきて、どうにかして海に帰るのです。彼らの最大の天敵は、や

食べないでぇ

はり人間でしょう。モクズガニは美味しいので、各地で漁獲され、茹でられたり蒸されたりして食に供されています。そもそもチュウゴクモクズガニ、つまり上海ガニの兄弟分なのですから、美味しいのは当然です。

　ゾエア幼生時代には0.4mmしかなかったモクズガニが甲幅8cmにも達し、海に帰るために住み慣れた淡水の水場をあとにするとき、二度とそこに帰ることはありません。出発の瞬間には何を感じるのでしょうか。小さなカメラをカニにとりつけることができたら、きっとものすごいロードムービーができることでしょう。あるものは途中で死に、あるものは海に到達し、その中のほんの一握りがパート

ナーと出会って交尾します。卵は数十万個も生まれるのですから、いかに死亡率が高いかがわかります。私たちの目につくモクズガニは、その全てが「選ばれし者」なのです。

モクズガニ

マツカサガイ

準絶滅危惧 NT

イシガイ目イシガイ科
Pronodularia japanensis
殻長：40‐60㎜

　繁殖をし、分布を拡げるために、いきものは遠くまで移動します。カニやエビは這い、魚は泳ぎ、鳥や昆虫の多くは空を飛びます。見るからに移動できなさそうないきもの、例えば二枚貝なんかはどうするのでしょう。これがなかなかおもしろいのです。河川や用水路の底の砂にすむ、松ぼっくりみたいな貝、マツカサガイの場合をみてみましょう。

　マツカサガイのようなイシガイ科の貝は、♀の鰓の中で受精をすませ、『グロキディウム幼生』という、小さなプランクトンとなって水中に放出されます。放出された幼生は、まずは魚にひっついて寄生します。マツカサガイの場合、ホトケドジョウや、ハゼの仲間

のヨシノボリなどにくっつくことが知られています。自分が遠くに移動できないなら、魚にくっついて運ばれりゃいい、というわけです。やがて、親貝と同じ形に変態した稚貝は、魚から離れて川底で二枚貝としての生活を始めます。いったい何を食べているのかというと、砂の中から『入水管』を伸ばして水中の植物プランクトンや有機物のかけらを水と一緒に吸いとり、食べ物と酸素を鰓で濾過して摂取、『出水管』から残りを排出しています。これを『濾過摂食』といいます。

　これだけですとマツカサガイは魚を一方的に利用しているようですが、このマツカサガイなど、イシガイ科の二枚貝を利用する魚がいます。タナゴの仲間です。

　タナゴの仲間は、イシガイ科の貝の中に産卵をするのです。タナゴ類の♀は長い産卵管を持っており、それを、貝の出水管にさしこんで産卵し、♂はすかさず入水管のほうから精子を振りかけるのです。書いているだけでクシャミが出そうですが、やがて孵化した稚魚は、泳げるようになると貝から出てきます。一番危険な幼少期を、貝をシェルター代わりにして守ってもらっているわけです。

　これらのいきものたちが、このように相互に依存した生態を持つということは、どれかがいなくなると他のも生きられなくなるということにもなります。タナゴ類を守ろうとすればイシガイ科の貝も守らねばならず、イシガイ科の貝を守るには、貝の幼生がくっつける魚を守らねばならないのです。

子育ては助け合いですよね

ヤリタナゴ

コイ目コイ科
Tanakia lanceolata
全長：6 - 13 ㎝

　マツカサガイを取り上げたので、勘のいい読者の方にはお察しの
通り、今回はタナゴです。

　ヤリタナゴは、日本産のタナゴの中では自然分布域が最も広大な
タナゴで、東北地方から九州まで生息しています。「槍」という名
前の通りのスマートな体形で、河川や水路、池沼などにすんでいま
す。マツカサガイなどのイシガイ類に産卵するのですが、そのため、
産卵期の♀はおなかから長い産卵管（とは言え、タナゴの中では短
い方）を垂らしています。タナゴの産卵管というのは、そうと知ら
ないと寄生虫がついているようにも見えます。「とってあげなきゃ」
と思って引っ張ったことのある人、廊下に正座してください。

産卵期の♂の方はというと、もちろん産卵管はありませんが、そのかわり綺麗な婚姻色が出ます。背鰭と臀鰭に赤い色が入り、胴体部分は青っぽく、鰓の付近と腹部に紅色がさす、なかなか見事なものです。タナゴの婚姻色は種類それぞれにとても色鮮やかなので、機会があったら図鑑など読んでみてください。

　この、姿が美しいことも一因で、いろんな淡水の釣りの中でもタナゴ釣りというのは昔から根強い人気があり、仕掛けや道具なども発展しており、釣りのポイントを求めてあちこちに遠征する人もたくさんいます。しかし、マズいのは、希少とわかっていたり保護されているタナゴをわざわざ釣ってしまうような場合、そして、自分だけの釣りポイントが欲しいがために、よその水域から持ってきたタナゴを放流してしまうような場合です。そして、しばしばこのふたつの行為は、同じ人によって行われたりもします。これは、人間の欲求が生物多様性を破壊し、希少種の減少や国内外来種問題を起こしてしまうことの典型です。

　ヤリタナゴも、残念ながら本来は生息していなかった河川などに人為的に放されることがあり、本来、そこにもともとすんでいた別種のタナゴと競合してしまうという事例も生じています。釣りという、歴史ある文化を守るためにも、釣りを愛する皆様にも、この国にもともとあった自然を守る意識を大切にして頂きたいと思います。

ヤリタナゴ

ムツバセイボウ

ハチ目セイボウ科
Chrysis fasciata
体長：10 ㎜

　セイボウというのは、「青蜂」と書きます。「養蜂」なんて言ったりする通り、蜂という字を音読みすると「ホウ」となるのです。セイボウ科のハチたちは、金属的な青あるいは緑の体色を持っており、「空飛ぶ宝石」とまで言われる美麗な種が粒揃いで、ファンの多い昆虫です。

　ところが、このセイボウというのは、けっこう一筋縄ではいかない生態を持っています。いわゆる寄生バチで、他種のハチの巣穴に入り込んで勝手に卵を産みつけ、孵化した幼虫は、宿主、つまり本来の巣の持ち主のハチが自分の幼虫のために用意した餌を食べるばかりか、宿主の幼虫自体も食べてしまいます。こういうような寄生

を『捕食寄生』といいます。鳥のカッコウなどが『托卵』といって他の鳥の巣に卵を産みつけて育てさせる行動はよく知られていますが、セイボウのような寄生バチの場合は、他人の家に勝手に上がり込んで台所の食品を全部食べた挙げ句にそこの家の子供を食べてしまうというのですから、いかなる国の刑法上も許されない、とんでもない悪党です。もちろん、宿主には何のメリットもありません。イシガイ科の貝と魚たちのケースと違い、ただ一方的に寄生して収奪しているだけです。

　ムツバセイボウは腹部に金色の帯があって虹のようなグラデーションをなしており、個人的に、セイボウの中でも鮮やかな種だと思っています。名前の由来は、腹部の先端に６つの突起があることから。なので和名を漢字で書くと「六歯青蜂」というわけです。このハチももちろん、他のハチに寄生します。

　秋口、山地や丘陵地の民家や作業小屋の軒下に、竹筒や伐採木が積んであるようなところで、このムツバセイボウにしばしば出会います。竹筒やなんかの周囲を飛び回り、中に出入りしたりしているのは、産卵にちょうどいい宿主の巣を探しているのです。ムツバセイボウの場合、スズバチやドロバチの巣を利用するようです。

　セイボウの仲間は素早く動いてあまりじっとしていないので、写真を撮るのは意外と大変です。私も写真を撮りたくて何時間もしゃがんでいたことがあるけれど、その時、宿主の巣では大いなる悲劇が起きようとしていたのです。

ムツバセイボウ

ヤマビル

顎ヒル目ヒルド科
Haemadipsa zeylanica japonica
全長：25 - 35 ㎜

　ヤマビルは、かつては里山のいきものというよりは奥山のいきものでした。それが近年になって、元来ヤマビルがとりつくイノシシやシカのような動物が人里近くに進出してくるようになり、また森林の管理放棄や農地の耕作放棄などもあいまって、かなり身近に生息するいきものになってきました。

　ヤマビルが好むのは、湿った林床です。私がよく行く房総丘陵では、夏になるとたくさん見られ、場所によっては、大げさではなく雨の日など立ち止まって休んでいると四方八方から集合するように這ってきたり、数十メートル歩くごとに着ているものをチェックして、服についているのを払い落としたりしないといけなかったりし

ます。それだけやっても、くっつかれる時にはやっぱりくっつかれます。今日は無事だった、と思っても、家に帰ってシャワーを浴びようとすると靴下が血だらけだった……なんてことは何度もありました。一番しびれたのは、車を運転中にパンツの中で何かが動いているのを感じた時で、信号待ちでそーっと手を入れると、悪い意味で予想通りのものが悪い意味で予想通りに太腿の内側から股間方面へ移動しているところで、つい大声を出してしまいました。

そんなふうに、いつの間にか吸血することができるのは、ヤマビルの唾液に含まれている、その名も『ヒルジン』という物質のためで、このヒルジンには麻酔成分があるだけでなく血液の凝固を妨げる働きがあり、ヤマビルに噛まれてもちっとも痛くないばかりか、ヒルが吸血を終えて離れた後もしばらく血が止まりません。私自身の肉体を用いた人体実験によると、絆創膏などを貼らずに放置してみたところ、8時間も血がだらだらと流れ続けました。吸血生物というのはすごいものです。

泉鏡花の名作『高野聖』に、ヤマビルが出てくる非常に恐ろしいシーンがあります。何を考えているのかわからない、手も足もないいきものに血を吸われるというのは確かに気持ち悪いものです。ただ、高野聖に描かれているヒルは、科学的というよりはいささか文学的な存在で、実際のヤマビルは樹木から飛び降りて人間を襲ったりはしません。ヤマビルの多い場所を通る際は、とにかく足元に注意しましょう。あと、ヤマビルには毒はありません。噛まれても慌てないでください。

ヤマビル

クロイロコウガイビル

ウズムシ目リクウズムシ科
Bipalium fuscatum
全長：50 - 200 ㎜

　コウガイビルは、ヒルという名前がついていてもヒルではありません。ヤマビルやチスイビルは『環形動物』といってミミズやゴカイなどの親戚であるのに対し、コウガイビルは『扁形動物』に属しており、陸生のプラナリアみたいなものです。環形動物と扁形動物は、ただ足がなくてウニョウニョしているという外見が似ているだけで、素性は全くの別物なのです。

　全くの別物である証拠のひとつとして、ヒルの口は先端部についているのに対し、コウガイビルの口は、なんとお腹についています。コウガイビルは人の血を吸ったりはせず、他のいきものを襲って食べる肉食です。クロイロコウガイビルの場合はカタツムリやナメク

ジを食べるのですが、獲物に巻きつくようにしてお腹にある口で食べている様子はなかなかのインパクトです。

　比較的、普通に見られるコウガイビルとしては、クロイロコウガイビル、クロスジコウガイビル、オオミスジコウガイビルなどが挙げられるでしょう。昭和天皇が皇居で観察したことで知られるオオミスジコウガイビルは外来種で、それこそ東京都内などの都市部に多く、体長1mを越えることもあります。クロイロコウガイビルやクロスジコウガイビルはぐっと小さく、郊外の農家の湿った庭のようなところによくいます。クロイロコウガイビルは真っ黒あるいは濃い褐色で、クロスジコウガイビルは正中線上に縦筋が入っています。どちらも落ち葉の下や庭石の陰のような湿った暗い場所を好み、夜行性なので普段はあまり人目につきませんが、湿度の高い日には日中でもわりと積極的に行動し、道路を渡るなどの遠出をすることもあります。ただ、移動の途中で太陽が出てきたりして乾燥して死ぬことがあるらしく、コンクリートで干からびている姿もたまに見かけます。プラナリアに近いだけあってかなりの再生能力を持つコウガイビルも、干からびたら生き返ることはできません。

　名前の「コウガイ」というのはこの生き物の頭の形に由来するもので、『笄』のことです。日本髪を結った女性が頭の後ろにさしているあれのことですね。コウガイビル型の笄をさしたらおもしろ……いや、なんでもないです。次いってみましょう。

ネジバナ

ラン目ラン科
Spiranthes sinensis
Ames var. amoena
高さ：10 - 30㎝

　ヤマビルにクロイロコウガイビルと、じめじめと湿っているところを好むやつがふたつ続いたので、明るい場所に生育する植物を取り上げましょう。ネジバナです。

　ネジバナは、もっとも身近な野生ランと言えるでしょう。陽当たりの良い草地に生育し、田んぼの畦道から街中の路傍まで、いろんな場所で見ることができます。

　公園の土手なんかには、しばしば群生しています。私はこの、螺旋を描きながら咲く淡紅色の花が大好きで、しょっちゅうしゃがんではしげしげと眺めてしまっています。何本も見ていると、螺旋の巻き方が一定ではなく、右巻きと左巻きの両方があるのがわかりま

す。巻貝とかつる性植物とか、グルグルする系のいきものはだいたい種類ごとにグルグルの方向が決まっていることが多いのですが、ネジバナはそうではないのが興味深いところです。ネジバナってどこにでもあるからみんなあまり注目しませんが、もしこれが、日本アルプスの一部とかにほんの少ししかない花だったら、誰もが争って見に行こうとしたり、採掘しようとしたがる花だと思います。実際、キキョウの項で書いた、あの、日本中の綺麗な花が咲く植物を激減させた、かつての山野草ブーム、野生ランブームの際は、ネジバナについても色彩変異個体や葉に斑が入っているものなどが人気を呼びました。しかし、ラン基本ルール、「菌と共生しているから人の手で栽培するのは難しい」というのが立ちはだかり（キンランなんて、普通の人が庭に植えても絶対育ちません。必ず枯れます）、長続きした人は少なかったようです。

　従来、九州以北の日本に生育するネジバナは、いわゆるネジバナ1種だけと考えられてきました。しかしつい最近、そんなネジバナに新種が含まれていることが、神戸大学の末次教授らの研究グループにより明らかになり、ハチジョウネジバナと名づけられました。ハチジョウネジバナは、ネジバナ同様、民家の庭や公園などの身近な場所で見ることができます。長い年月、足元に咲いていた花が、本当は2種類あったことが21世紀のいま判明するというのは、科学のロマンを感じさせます。そして、そのようなことがあるからこそ、私たちは身近な動植物を注意深く見つめなければならないのだと強く感じます。皆様のそばにあるネジバナは、果たしてどちらのネジバナでしょうか。

右巻きー

左巻きー

アカスジキンカメムシ

カメムシ目キンカメムシ科
Poecilocoris lewisi
体長：17 - 20 ㎜

　ネジバナが咲き出す初夏、雑木林の林縁の植物上などに、このアカスジキンカメムシが現れます。カメムシの中の宝石とも呼ばれるこの虫は、確かにすこぶる美しいものです。

　ピンク色の縞模様が走る金緑色の身体には複雑な彫刻のような模様が入っており、全体に金属光沢があります。とりわけ頭部は、まるで金粉を摺りかけたかのようにピカピカしています。梅雨時など、水滴で濡れていると息を呑むほどの絢爛さです。植物上にいるのは食住兼用で、広葉樹を中心に、様々な植物の汁を吸って暮らしています。

　体長は2㎝もあってカメムシの中では大型で、動き方もゆったり

としていますので、いるのに気がつけば観察するのは比較的容易です。カメムシだから触ったら臭いんじゃないか……と心配なさる向きもあるでしょうが、アカスジキンカメムシはそれほど臭くないのだそうです。いや、私は自分で試したことはなく文献やネットにそう書いてあっただけです。気になる方は実験してみて、どんな匂いか教えてください。でも、手が臭くなっても、どうか自己責任でお願いします。怒りの抗議とかを送ってこないでくださいね。

　稀に、金緑色の部分がマットな黒色になった『黒化型』が出現し、これもなかなか渋いものです。また、幼虫時代のカラーリングは成虫とはかなり違っており、最初は光沢のある銅色と赤のコンビネーション、脱皮を重ねて『終齢幼虫』になると、同じような銅色と白色のコンビネーションになり、ちょっとパンダみたいでかわいらしいです。カメムシというのは成虫と幼虫の姿が異なるものが多く、この幼虫がこの成虫になる、というのを覚えると、興味が深まってきます。

　さて、美麗な昆虫を採集して標本にしたい、という欲求は、つまりは眺めて気持ち良いものを手元にたくさん置きたいというコレクター心理でもあり、ある種、人の業のようなところがあります。

　しかし、アカスジキンカメムシの場合はちょっと待った方が良いでしょう。この虫が美しいのは生きている間だけで、死ぬとどよーんとした暗い色に変ってしまうからです。記録としてではなく、見て楽しむために標本にすることにはあんまりなじまない虫です。私は、野外で生きているのを見るのが好きです。

パンダ…?

ヤマトタマムシ

コウチュウ目タマムシ科
Chrysochroa fulgidissima
体長：25 - 40 ㎜

　玉虫色、という言葉があります。これは、なんだか本当のところがよくわからない、どうとでも解釈できるようなこと、一見もっともらしいが実は無内容そうなことを指すのに便利なもので、「総理の国会答弁は玉虫色であった」とか、「国と県の話し合いは玉虫色の決着をみた」とかいった風に、政治関連のニュースでよく使用されています。そういう点ではまことに日本的な言葉です。

　実際、ヤマトタマムシの翅というのは、キラキラしていて、天気や角度によって様々な色に見えるのです。これは、このキラキラが、『構造色』であり、色素によるものではなく、体表に幾層もの薄い膜があり、それによって光が特定のパターンの反射をするために現

れるものだからで、これまでこの本で取り上げてきたハンミョウや
アカスジキンカメムシなどもやはり構造色なのです。

　これらの虫たちは、伊達にキラキラしているわけではありません。
ハンミョウの項で書いた通り、千変万化する金属光沢は、天敵であ
る鳥から身を守る効果があるのです。ヤマトタマムシは真夏の日中、
木の梢を飛んでいますから、鳥をどうやって
避けたりビビらしたりするかは死活問題です。
光り輝いてよく目立つことで、逆に身を守っ
ているわけです。ヤマトタマムシの場合、翅
だけでなくお腹側もやはりキラキラで派手で
す。

　ヤマトタマムシの成虫は、エノキやケヤキなどの葉を食べます。
それらの樹木の上を飛び回ってパートナーを探し、うまいこと出
会って交尾できるとエノキやケヤキの枯木や伐採木に産卵、幼虫は
その材質を食べて成長します。ですからまさしくその生活史を通じ
て里山の雑木林に依存した昆虫であるということが言えます。

　木の中で暮らす幼虫は、いったいどうしてこれがあの成虫になる
んだろうと理解に苦しむくらい、親とかけ離れた姿をします。なん
とも緊張感のない形をした白いイモムシというかウジムシ状のもの
で、眼すらありません。ただひたすらに木の材質を食べ、3年ほど
かかって成虫となり、成虫になってからの寿命はわずかに1、2ヶ
月です。羽化する際は当然、木をかじって出てくるわけですが、う
まく脱出できずに頭だけ出したまま死んでいるのもしばしば見かけ
ます。ヤマトタマムシの一生は、「玉虫色」ではありません。

オシドリ

情報不足
DD

カモ目カモ科
Aix galericulata
全長：41 - 48 ㎝

　オシドリを漢字で書くと「鴛鴦」となります。「鴛」が♂、「鴦」が♀のほうを指します。夫婦そろって一種類の鳥を表す……のですが、現実の世界では、オシドリはどうも毎年、繁殖期ごとにパートナーを取り換えてしまうのだそうで、そうすると、「おしどり夫婦」という言葉の意味も少々ややこしくなってきます。

　夫婦どっちもほぼ同じ色のカルガモなどと違い、オシドリは♂がこよなく綺麗なため、カップルでいると対比が際立ち、それがために「おしどり夫婦」という言葉も生まれたのでしょう。

　ただ、オシドリの♂が鮮やかな羽をしているのは、一年のざっと半分だけです。

羽が色づいてくるのは秋からで、冬の間、絵に描かれているような派手な姿で過ごし、ところが翌年夏が訪れると羽が抜け換り、オレンジ色の三列風切羽、いわゆる『銀杏羽』がなくなって、♀そっくりの姿になってしまいます。この、♀と同じような状態になることを『エクリプス』といいます。繁殖にあたっては♀の気を引くべく目立つ色になり、、それが終ったら外敵に目立たないよう地味になる、というわけで、けっこう合理的ではあります。なんとなく笑えるのは、完全にエクリプス化する前の移行中の段階で、いかにも羽が抜けつつあるという感じで、まるで泳いで逃げる落ち武者みたいなたたずまいです。付け加えておくと、オシドリが雌雄一緒にいるのは産卵の前までで、実際に卵を産んで子育てをする段階になると（巣はだいたい、樹洞につくられます）、ペアは解消され、子育ては♀だけの手で行われます。「おしどり夫婦」という言葉の意味がさらにややこしくなってきましたね。

　昨年、詩の仕事でドイツに行った際、ベルリンの公園でオシドリを見ました。オシドリの自然分布地は日本を含む東アジアに限られておりますから、ドイツにおけるオシドリは外来種ということになります。オシドリは他にもヨーロッパのいくつかの国やアメリカにも人為的に移入されています。ベルリンの公園のオシドリは、ヨーロッパが本場で日本では外来種のコブハクチョウと並んで泳いでいました。

ヤマナメクジ

有肺目ナメクジ科
Meghimatium fruhstorferi
体長：100 - 160 ㎜

　いきものの雌雄、夫婦の関係にはいろいろありますが、カタツムリやナメクジの繁殖は、我々とは一線を画しています。『雌雄同体』で、性による区別がないのです。

　言ってみれば、全員が♂でもあり♀でもあるという状態なわけで、交尾の際は、お互いの『精子嚢』を交換しあいます。こっちがあげた精子嚢は相手の体内で受精し、相手がくれた精子嚢は自分の体内で受精し、両方が産卵するという倍倍システムです。

　セックスをした結果双方とも妊娠するというのはおそるべき話です。もっとおそるべきなのは、カタツムリやナメクジの場合、手近に相手が見つからないと、『自家受精』、つまり、自分の精子を自分

で受精して卵を産むことができるのです。どうしてカタツムリやナメクジがそんな生殖方法を確立する必要があったのかという点については、移動能力が低いことが関係していると考えられています。あんまり歩き回れない以上、確実に子孫を残すにはこういうフレキシブルな方法をとるのがよかったのでしょう。

　ナメクジは、進化の過程で殻をなくしたぶんだけカタツムリに比べて俊敏で、より速く、遠くに歩いていくことができます。半面、殻がないので外敵や気候変化、人間が使用する薬品などにはカタツムリより弱くなっています。軟体部分はほぼ一緒の見かけなのに、殻がついているカタツムリは比較的人間に親しまれ、ナメクジは嫌われ者なのはちょっと不公平ですね。

　ヤマナメクジは、森林に生息する大型のナメクジです。身体の両側面に幅広い黒い帯が走っているのが特徴的で、普段は物陰や樹洞に隠れ、夜間や雨天時になると林床を這い回ります。餌としてはキノコをよく食べているようです。時には 20 ㎝に迫るようなものもいます。先にニホンイタチの項で、仰々しくツチノコ＝イタチ説を開陳しておいてなんですが、ヤマナメクジもツチノコの正体のひとつかもしれません。巨大な太ったヤマナメクジが目玉を出さずにいると、ツチノコみたいなものにも見えます。

　冬は朽木の中などで冬眠するようで、朽木や伐採木を割ってみるとしばしば入っています。眠っている時はギュッと凝縮されたように固まっていて、触るとコリコリします。ああ、筋肉隆々なんだなあと思います。

ヤマナメクジ

オオカマキリ

カマキリ目カマキリ科
Tenodera aridifolia
体長：70 - 95 mm

　カマキリといえば、交尾にあたって♀が♂を食べてしまうことがあることで知られています。♂を食べて栄養とした方が、産卵する上でエネルギー上、有利なんだという話もあります。いたましいようですが、そもそも交尾・産卵が終わったら死んでしまう昆虫は多く、この本でも紹介したヤマユマなどは、羽化後は口すらなく餌もとらないことを考えると、昆虫にとって、羽化して成虫となることはひとえに生殖という最終目的に邁進することであり、それさえ叶えられれば、♂が♀の栄養となることもそれほど悲惨なことではなく、むしろ子孫を残すためには合理的とすら言えるのか

もしれません。

　でもそれは♀からみた場合であって、♂も必ず食べられるわけではなく、オオカマキリの場合、♂が食べられる確率は1割以下だという研究結果もあります。食べられずに交尾をすませ、さらに別の♀と交尾できれば、その分、自分のDNAを後代に残せる可能性は高まるわけで、♂からしたらやっぱり逃げた方が合理的です。こうなると、食べるか逃げるかというのは一種の勝負です。

　国内最大のカマキリであるオオカマキリは、幼虫時代から、鎌状の前脚を用いて、その時々の身体のサイズに応じて様々ないきものを襲います。成虫は、鳥やカエル、トカゲさえも獲物とすることがあります。その極度に捕食に特化した動きは昔の武術家を魅了し、清の時代の武術家・王朗は、セミを捕まえるところを見て、現在でも多くの人が修行する拳法、『蟷螂拳』を編み出しました。一生涯、殺伐とした生活を続けるカマキリは、繁殖に際しても命のやりとりの緊張感から逃れられないようです。

　いろんなやりとりの末にこの世に送り出された、方形とも円形ともつかない形状をしたオオカマキリの『卵鞘』は、木の枝などに産みつけられ、中には200個くらいの卵が入っています。次の年の春に孵化した幼虫は、最初はエビみたいな形の『前幼虫』というもので出てきて、すぐ脱皮してカマキリ型の幼虫になります。私は、小学生時代、机の引き出しで卵を孵してしまい、机が幼虫で埋め尽くされるという阿鼻叫喚の地獄絵図を現出させたことがあります。あの中の何匹かは成虫となり、多くの昆虫を捕食しながら成長し、最後には子孫を残すことができたのでしょうか……

トウキョウサンショウウオ

絶滅危惧II類
VU

有尾目サンショウウオ科
Hynobius tokyoensis
全長：8 - 13 ㎝

　日本列島は、オオサンショウウオという文字通りの大物を擁する半面、小型のサンショウウオの宝庫のようなところです。近年、DNA 解析が進み、国内に 50 種ほどの小型サンショウウオがいることがわかっています。そして、その多くが、種の保存法に基づいて国内希少野生動植物種の指定を受けたり、環境省のレッドリストに掲載されたりしています。

　首都圏に生息する代表的なサンショウウオであるトウキョウサンショウウオを例にとると、やはりタガメなどと同じ『特定第二種国内希少野生動植物種』の指定を受け、かつ、環境省のレッドリストで「VU（絶滅危惧II類）」にランクされています。法令で大切に扱

うべき存在と定められても、実際にその保全を行うのは、なかなか一筋縄ではいきません。

トウキョウサンショウウオは、ふだんは湿った林床などで暮らしています。畑を耕したり雑木林の落ち葉を掘ったりするとたまに出てくることから、「ハタケドジョウ」と呼ぶ地域もあります。早春になると湧水のある水たまりや水路に下りてきて繁殖行動を行い、谷津田の一番奥の浅い池のようなところで、しばしばバナナ型の卵嚢を見ることができます。この卵嚢は二つくっついて一対をなしています。うまく育てば初夏には孵化を迎え、ひとつの卵嚢から数十〜百数十匹の幼生が誕生します。幼生は水の中で動物プランクトンや小型の水生生物を食べながら成長し、夏から秋にかけて変態、陸に上がって林床に散らばってゆきます。そのような生活史を述べただけでも、このような種を守るためには、産卵場所の水辺とその周囲の森林を含んだ環境を包括的に維持しなければならないことがわかります。

ただ、採集をやめさせ、開発を止めればいいというだけではありません。湧水が枯渇してはいけませんし、山が荒れすぎてもいけません。耕作放棄も食い止めなければなりません。増え続ける外来種・アライグマやアメリカザリガニの害もどうにかして防がなくてはいけません。多くの場合、小型サンショウウオを守るためのアプローチは、結局は里山それ自体を守るためのアプローチそのものです。そのことが困難になってきているからこそ、現在のサンショウウオたちが置かれている状況があるのです。

トウキョウサンショウウオ

コガタノミズアブ

ハエ目ミズアブ科
Odontomyia garatas
体長：12 ㎜

　ハエ目の昆虫にだって、とっても容姿端麗なものがいます。コガタノミズアブは、水生植物の多い湿地や池沼、水田などで見られる、蛍光ライムグリーンの美しいアブです。複眼が大きいのは♂で、複眼が小さくて緑色の縁取りがあるのが♀ですので、コガタノミズアブの世界では、「あなたの目ってくっついてるのね」「君の瞳は離れてるね」とかいって愛を囁いたりするのかもしれません。この、眼が大きいと♂、離れていると♀というのは、アブの仲間に共通の特徴です。

　コガタノミズアブの成虫は初夏から夏に出現し、花の蜜を吸います。幼虫は「体節のあるヒル」といった雰囲気の形状をしており、

水中で暮らし、どうも肉食であるらしいのですがその生態はいまだによくわかっていません。かつては全国各地で見られた普通種でしたが、近年は減少が著しく、2024年現在、7つの都府県において、レッドリストに何らかの形で掲載されています。その原因については、開発や圃場整備、湿地の消失といった事柄の他、京都府のレッドデータブックでは水田への薬剤散布による影響が示唆されています。そう言われると確かに農薬や除草剤の使用されていない田んぼには比較的生き残っているイメージがあります。ゲンゴロウやタガメのように、薬剤への耐性が低いのでしょうか。

　アブの中でも人を刺す種類は少ないのに、どうも多くの人はアブというアブを一緒くたにする傾向があり、「なんか悪い奴」という目で見られがちです。でも、緑の田んぼの上をコガタノミズアブの成虫が飛び回る姿に触れると、この虫が好きになる方も多いと思います。あまり有名でなく、サイズも小さいこのような虫は、気がつくといつの間にか私たちの視界から消えていた、ということになりがちです。高度成長期以降、いや、明治維新以来、どれだけたくさんのいきものが、そうして私たちのそばから消えていったことでしょう。よく手入れされた里山の風景を前にすると、年輩の方からはよく「昔とちっとも変っていないなあ」という言葉が漏れます。しかし、風景からこぼれ落ちているいきものたちは確実にたくさんいるのです。私たちは、歯が抜けるようにいきものがいなくなってゆく里山と向かい合っているのです。

コガタノミズアブ

♂

♀

イオウイロハシリグモ

クモ目キシダグモ科
Dolomedes sulfureus
体長：15 - 30 ㎜

　網を張らない『徘徊性』のクモのうち、小型のものとしては、先に紹介したアリグモのようなハエトリグモの仲間がよく知られています。大型のもので目立つのは、都市近郊においては家の中にすんでいてゴキブリを捕えるアシダカグモ、里山においては、その名もハシリグモの仲間でしょう。中でもイオウイロハシリグモは、北海道から南西諸島までほとんど全国に生息し、平地から山地の水辺、森林、草地など様々な環境で見られます。

　クモ類のご多分に漏れずイオウイロハシリグモも♀の方が大きくなります。体長は2㎝を超えることもあり、2㎝というと小さいようですが、クモの場合、脚が長いですから拡げると10㎝近くになっ

たりして、まさに手のひらサイズです。林縁や水辺に多く、よく植物の上で獲物を待ち受けています。じっとしているかと思えば長い脚でダイナミックに走り回り、アメンボのように水面を駆け、時にはカエルさえも捕食していまいます。顔の写真を拡大してみると、ああ、こんなのが迫ってきたら怖いだろうなあと心から思います。

　このおっかないハシリグモの仲間も、「子供を守る」習性を持っています。

　夏の終わりから秋にかけて、何やら白い袋のようなものを抱えて歩いているイオウイロハシリグモの姿を見ることがあります。この袋こそが卵嚢であり、正確に言うと、抱えているのではなく、口でくわえているのです。イオウイロハシリグモの♀は、そうして卵嚢を持ち歩いて保護し、やがて孵化が近づくと『保育網』と呼ばれる簡単な巣を作り、子グモが無事に孵化して旅立ってゆくまで見守り続けます。最初は卵を口にくわえ、次には生まれた子のそばでじっとしているということは、その期間ほとんどずっと、♀が絶食することを意味しています。その間、♂は何をしているのかというと……特に♀を手伝う、子育てに協力するということはありません。ゲフンゲフン。

　クモは神様の使いと言われ、「殺さないように」と教わった方も多いと思います。

　肉食で、生きていくために大量の獲物を必要とし、かつ農薬に弱いこのような大型のクモの存在は、里山の環境が健全に保たれているかどうかの指標のひとつでもあります。「ここ、いい場所だな」と思うような里山には、たいていハシリグモの仲間がいます。ハシリグモがすめるということは、他の多くのいきものもすめるということに他ならないのです。

イオウイロハシリグモ

スジエビ

十脚目テナガエビ科
Palaemon paucidens
体長：30 - 50 mm

　よく居酒屋で、川エビの唐揚げというものがメニューにあります。レモンをかけるだけでたいへん美味しく、ビールがよく進みます。その川エビというのはこのスジエビか、さもなければテナガエビです。スジエビとテナガエビは同じ科の同じ亜科に属していて、わりと近縁です。テナガエビの小さいものは、一瞬、迷うくらいスジエビと似ていることがあります。

　テナガエビの親類だけあってスジエビもかなりはっきりしたハサミを持っており、他のいきものを襲います。死んだ魚や弱った魚を食べることもあり、見栄えが良いからといって水槽にメダカと一緒に入れておいたりしない方が良いでしょう。朝になるとメダカがだ

んだん減っているかもしれません。過密飼育すると共食いだってします。また、スジエビはピンピンとよく跳ね、脱走が得意なので、水槽のフタは必須です。どっかに行ってしまうとまず見つかりません。飼おうとすると意外と神経を使うのです。

　野外におけるスジエビは、北海道から九州までの河川や池沼で見られます。身体が小さいことに加え、海に下りなくても淡水だけで生活史を完結できるので、テナガエビに比べて生息できる環境の幅が広く、田んぼの水を温めるための小水路のようなところにもよくいます。身近なエビであったスジエビが、東京都、千葉県、群馬県に栃木県と関東の4都県のレッドリストに掲載されるほど減少してしまっているのは、河川改修や圃場整備、それに水質汚染も影を落としています。だいたいエビ類というのは水質の悪化に弱いものが多いのです。スジエビがたくさんいるはずの川で、いくら網を入れても急に全然とれなくなったら、水自体に何か変なことが起こっているのではないかと疑った方が良いかもしれません。

　スジエビは、外来種問題にもさらされています。ブラックバスやブルーギルに食べられている、といった単純なことだけではなく、同じ属でよく似たチュウゴクスジエビが日本の水辺に侵入し、各地で定着しているのです。これは、釣り餌として輸入されたものが野外に捨てられたり放たれたことに端を発するもので、在来のスジエビとの交雑による遺伝子汚染も危惧されています。

スジエビ

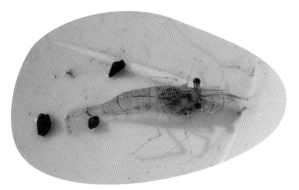

スッポン

赤田です

カメ目スッポン科
Pelodiscus sinensis
甲長：25 - 35 ㎝

　スッポンというのは、なんともおもしろいいきものです。まず名前がスッポンですよ、スッポン。水に飛び込むときの音から名づけられた、という説があるそうです。ホントですかね？

　その姿かたちもどうも謎めいています。カメのくせして甲羅が柔らかく、身体は扁平で、真横からみるとすごく薄くてまるで団扇。手足はヒレ状で、普段は縮んでいる頸部はぐーんと伸ばすことが可能であり、その先端についているとんがった顔は、眼と鼻だけを水面上に出せるようになっています。総じて、水中で活動したり砂にもぐったりするのに都合の良い構造です。ずいぶん長寿なようで、ネット上には100年生きるなどという話も散見されます。その真偽

はともかく、古い神社や庭園の池などに行くと、信じられないほど巨大な個体がいますから、そういうのは相当長く生きているに違いありません。

青田です

　私はかつて、千葉県内のある河川でスッポンの観察を続けていました。毎年見続けてわかったのは、川のおよそ１kmほどの区間に５頭のスッポンがいて、どの個体も晴れた日にはかなりの確率で、それぞれほぼ決まった場所に日光浴に現れることでした。私はその５頭を、下流側にいる方から順に、「赤田さん」（赤っぽい）、「小田さん」（小さい）、青田さん（緑がかっている）、「大田さん」（巨大）、「垣田さん」（カーキ色）、と呼んで識別していました。全部苗字なのは、雌雄の区別に自信が持てなかったからです。９年前に引っ越したことが原因でその川に通わなくなってしまいましたが、そろそろ久しぶりに通ってみようと思っています。小田さんは大きくなったでしょうか。大田さんはまだいるでしょうか。

　またまた珍説を開陳するようですが、スッポンを眺めていると、ネッシーを初め世界中にたくさんある「首の長い湖の怪獣」の伝説のいくつかは、未知の種の超巨大なスッポンだったりして、なんて妄想も頭をもたげてきます。長い首だけでなく、４つのヒレ、丸っこい身体など、わりと多くの点が符合します。冬眠動物だからかなり寒いところにも住めるはずです。現生のスッポン科の中にも、甲長１m半を越えるような種も実在するのですから、首長竜が生き残っているというよりかは真実味があるんじゃないでしょうか。

大田です

ツバメ

スズメ目ツバメ科
Hirundo rustica
全長：17㎝

　里山では、ツバメは、いつもそこにいるものではなく、「やってくるもの」です。夏が近づくと現れるこの小さな鳥がどこから飛んでくるのか、かつて大和民族は正確には知りませんでした。現在では、ツバメが冬を過ごすのは東南アジアであることは確かめられています。中世以前の日本人が、一年の半分をツバメが暮らす土地として比定したのは、『常世の国』でした。

　常世の国とは、死者が住むあの世のことであるとされたり、天国のような理想郷であるとされたり、農業の神の地だとされたりします。日本列島の神話の世界にあって、一筋縄ではいかない様々な概念を含んだ場所です。そんな、誰も去ったことのない海の向こうの

不思議な場所からやってくるのが、夏はツバメであり、冬はガンであると信じられていたのです。

　わざわざ人間の近くにいることでカラスなどの天敵から身を守ろうという、野生生物としては一種の逆転の発想から、民家や建造物の軒先にお椀型の巣をつくり、文字通り人間の生活のすぐそばで暮らすツバメ。その巣をつくるのに使う泥や枯草は田んぼなどで採取することが多く、餌とする虫もまた田んぼでよく捕まえます（だから益鳥として扱われてもいた）。人の営みとともに生き、でもそれは一年の半分だけで、残りの半分は、どこなのかわからない遠い神秘の国にいると思われていたツバメ。そうしたことを思うと、巌流島で宮本武蔵と戦った佐々木小次郎が用いたとされる『燕返し』という業（わざ）の名前は、単に太刀ゆきの速さを示すものではなく、ただの剣技としてはかなり禍々しい業であることがわかります。死後の世界からの使者、不老不死の世界からの使者、農業の神さまのいます世界の使者を一刀両断するような業なのです。中世の日本人にとっては、このような業の名前は、それをつかう佐々木小次郎に、人間離れした人物、社会の枠からはみ出した人物であったというイメージを付与する働きがあったかもしれません。それ以前に、ツバメは家の軒下で子育てするような鳥ですから、誰もがツバメのヒナを間近に見て、その子育ての様子を容易に思い描くことができたはずです。かわいい身近な鳥を斬るような業をつかう剣術者は、それだけで恐ろしく感じられたのではないでしょうか。

ツバメ

ヤマトシジミ

チョウ目シジミチョウ科
Pseudozizeeria maha
前翅長：10 - 15 mm

　ヤマトシジミといういきものの名前を検索すると、2種類出てきます。ひとつは二枚貝のヤマトシジミ、もうひとつがこのシジミチョウのヤマトシジミです。チョウの方のヤマトシジミは、本州から南西諸島まで幅広く分布する、♂は翅の表が鮮やかなライトブルー、♀は渋めの黒っぽい色をした小型のシジミチョウで、多くの地域でもっとも普通に観察できるシジミチョウです。年に数回発生するので、春先から冬の訪れまで、そこらへんをパタパタ飛んでいます。あんまりにも普通にいすぎるので逆に目立たないのか、同じようにたくさんいるモンシロチョウやアゲハと比べると知名度が低いチョウでもあります。

　ヤマトシジミがそんなに繁栄しているのは、幼虫の食草がカタバミだからです。

　カタバミといえば、路傍に咲く在来種の花の中でも際立った生命力と繁殖力を誇る、ポピュラーな植物です。踏まれようが刈り取られようが生えてくるその打たれ強さから、『片喰紋』として、古来から武家と公家とを問わず、多く家紋に用いられてきました。大名のうちでも、有名どころでは備前の宇喜多家、土佐の長曽我部家、徳川傘下の酒井家・森川家などが用いています。子孫繁栄の象徴というわけです。そんな、どこにでもあって決してなくならない（ように見える）カタバミを、ヤマトシジミは、図案化してシンボルにするのではなく幼虫の食べ物として用いてきたのです。結果、ヤマトシジミは、都市公園、民家の庭、農耕地、草地と、カタバミの生育地に相乗りするようにしてあらゆる環境にすみかを拡げてきました。ヤマトシジミを見つければ、その近辺には必ずカタバミがあり、カタバミがあれば、高確率で近くにヤマトシジミがいるという関係です。あなたが若ければ、カタバミの葉の裏をよくよく探すと、ミニチュアのキャンディーのようなヤマトシジミの卵を発見することができるかもしれません。若ければ、といったのは、この卵が直径0.4㎜くらいしかないので老眼だと厳しいからです。私もそろそろあやうくなってきました。

　明治維新以降、日本には膨大な外来植物が入ってきました。人の活動とともにそれらは拡散し続けています。そんな中でカタバミはしぶとく生き続け、そしてそれを餌として育つヤマトシジミも、今日も宙を舞っています。

ヤマトシジミ

187

ヤニサシガメ

カメムシ目サシガメ科
Velinus nodipes
体長：12 - 16 mm

なんでギトギトかって…?
ふふっ

　ヤマトシジミがカタバミと一蓮托生であるように、ヤニサシガメはマツがなければ生きてゆけません。その関係性は謎めいています。
　そもそもサシガメというのは、口を突き刺して獲物の中身を吸い取って食べてしまう、肉食性のカメムシの仲間です。身体はやや細長く、樹上生活するものと地上生活するものとがいます。ファーブル昆虫記を読んで育った私はサシガメに好感を持っており、いまでも出会うとちょっと嬉しく感じます。だいたいのサシガメは、これでどうして獲物を捕まえることができるのかと思うくらいゆっくりした動き方をしていますが、サシガメ類に口で刺されると相当痛いそうです。慌てて手ではたいたりつまんだりしないであげてくださ

い。

　ヤニサシガメは、サシガメの中では中型で、樹上性の方に属します。マツ林や、松の木を含んでいる森林に生息しています。そして、成虫も幼虫も、全身がネバネバしたヤニのような物質で覆われています。この物質は、長年、ヤニサシガメ自身が松ヤニ状の物質を分泌しているのだと考えられてきました。ところが、近年の研究でそれはくつがえされました。このヤニ状物質は、ヤニ状も何も松ヤニそのもので、ヤニサシガメは松ヤニをせっせと体に塗りたくっているからネバネバしているのだということがわかったのです。

　しかし、いまだにはっきりしないのが、どうしてネバネバせねばならないのかという理由なのです。これには、

・集団越冬の時みんなでくっつくのに都合がいい説
・ヤニでくっつけて獲物を捕える説
・天敵から身を守るため説

などが挙げられていますが、決定的なところは不明なままです。ヤニサシガメはマツの樹皮の裏などで幼虫で越冬しますが、確かに、ベトベトとみんなでくっついています。獲物を捕らえるところは何度か見ていますが、ヤニでくっつけようとしているところは見たことがありません。天敵に襲われているところは見たことがないのでわかりません。ヤニサシガメ自身が喋れれば、きっと教えてくれるのでしょうが……

コゲラ

キツツキ目キツツキ科
Dendrocopos kizuki
全長：15 cm

　キツツキというのは奇妙な鳥です。想像してみてください。あなたの頭に巨大な錐を縛りつけて、首の動きだけで木の幹に全力で突き刺して穴を空ける作業を連続でやり続けたらどうなるか。あなたが特別に首の筋肉を鍛えていない限り、間違いなく脳震盪か頸椎捻挫で倒れます。だけど、キツツキの仲間はそういうことを専門としているのです。多くのキツツキは、嘴で木をつついて巣穴をつくり、木をつついて縄張りを主張し、木から餌となる昆虫などを探して暮らしています。そんなに木をつついて穴を開けたら、そこら中の木がみんな枯れてしまいそうですが、キツツキの仲間は健康な木はあまりつつかず、弱った木や枯木をつついています。そういうような

木の方が穴は空けやすいし、虫も入っているには違いありません。余命少ない木を選んでやっているのなら、キツツキの仲間も森林の維持管理に貢献していることになります。

　コゲラは、日本で一番小さなキツツキです。「ギイー」という、錆びたネジを回すときの音のような鳴き声が特徴的です。

　ほとんど日本全国に生息し、平地から山地の森林、民家の庭、都市公園などでも見られます。さっき触れた、嘴で木をつつくそのスピードは、コゲラではなんと1秒間に25回にも達するそうです。プロボクサーのミット打ちでも通常、両手で1秒間に数発です。それを手でなく、ひとつしかない頭で、5倍の回転力でやってしまうのですから、やはり野生のいきものは桁違いで、到底かないません。スズメに毛が生えたくらいの大きさでしかないコゲラ、実はいつもすごいことをやっているのです。お庭の植木などにコゲラがやってきたら、高速で頭を振ってドラミングする動作を是非観察してみてください。それはユーモラスでかわいらしくも見えるけれど、間違いなく脊椎動物の身体能力の極北です。

　コゲラは、森の中で、しばしばシジュウカラ、エナガ、あるいはメジロなど他の小鳥と一緒にいることがあります。これは、『混群』というもので、他種の鳥と混ざって過ごすことは、目や耳が多くなることで天敵となる猛禽などから身を守りやすくなるというメリットがあります。昆虫にとっては恐ろしい捕食者であるこれらの小鳥たちも、猛禽の前では捕食される側であり、餌なのです。

高速ドラミングっ！

ニホンザル

霊長目オナガザル科
Macaca fuscata
頭胴長：48 - 60 ㎝

　サルというのは元来、熱帯系の動物で、人間を除けば、実は北半球にはあまりすんでいません。そもそも、人間だってアフリカ発祥です。霊長類は、例えば北アメリカにはいないし、ヨーロッパにもほとんどいないのです。ニホンザルは、人間以外では世界で最も北まで分布している霊長類です。その北限は青森の下北半島で、ここのサルは国の天然記念物に指定されています。

　野外でサルを観察していると、まあ、表情といい態度といい、見れば見るほど人間そっくりに感じることがあります。

　「このサルは○○に似ている、こいつの歩き

方は××みたいだ」などと、つい知り合いの顔を思い浮かべてしまったりするほどですが、知り合いの人間とは全然違うのは、やはりコゲラ同様、その凄まじい運動能力です。

　木の枝を渡り、蔓に飛びついてターザンのようにブランコ式に移動し、4本の手足でしっかりとグリップしながら自由自在に動く様子を見ていると、これはかないっこないなあと思います。これは一次資料に辿りつけなかったのでどこまで正確かわからないことは書き添えておきますが、ニホンザルの握力は体重の3倍あるという記述がわりと流布しています。まあ、見ているとそのくらいはあるだろうという気はするので本当かもしれません。私の体重は65kgですから、サル並みになるには握力は200kgないといけない勘定になります。これは無理です。握力が強ければ、比例して全身の力も強いはずです。信じてもらえないかもしれませんが、私は千葉の山中で、ジャンプしたサルが、「ひょい」という感じで空中で向きを変えてL字型に飛ぶのを目撃してしまったんですから。武術や格闘技の世界では、「手は足のように、足は手のように運用すべし」なんて指導されたりします。そうした点においては、要するに、人間はサルに近づこうと頑張っているに過ぎません。

　人に似て、かつ人とは違う存在であるサル。山の神として祀られたり、物語に描かれたり、農業への被害が取り沙汰されたり、最近では外来種・アカゲザルとの交雑がクローズアップされたりと、サルと人間との関係は時代や地域によって千変万化です。サルは、日本人と自然のかかわりの歴史の一部そのものです。

ナマズ

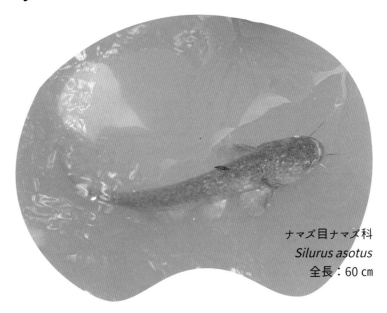

ナマズ目ナマズ科
Silurus asotus
全長：60 ㎝

　コイ、フナ、メダカ、ドジョウ、ウナギなどと並んで、ナマズは知名度の高い淡水魚です。地震の原因にされるなど民間伝承にも富んでいるし、古典文学や絵画にもしばしば登場します。現在でも、「ナマズ髭」と言えばみんな細長くてピッピッとした髭のことを思い浮かべることでしょう。それだけ私たちの生活に文化レベルで浸透している魚なのに、じゃあ実際のナマズを見たことがある人、そのリアルな姿を描写できる人というのは、先に挙げたコイとかフナとかに比べるとぐっと少ないのではないでしょうか。

　そもそも、ナマズは稲作農業と密接な関係を持つ魚でした。初夏から梅雨に繁殖シーズンを迎えるナマズは、川から水路や田んぼに

上がっていき、そこで産卵をしていたのです。しかし、乾田化や圃場整備により、川と田んぼが分断されて行き来できなくなった現在、彼らの個体数は各地で減少傾向にあります。日本の里山におけるナマズの減衰は、ここまでこの本で取り上げてきたメダカやフナ、トウキョウダルマガエルなどの減衰とその根底を同じくするものです。ナマズが私たちの日常に接近したのはこの国に稲作がもたらされたからであり、私たちの日常から離れつつあるのは、その稲作がこの国においてすたれつつあり、あるいは構造を変化させつつあるからです。身体が大きく、大食漢であり、カエルや魚、甲殻類などを餌とするナマズは、他のいきものの減った田んぼの近辺からは姿を消すしかなかったのです。

　「サケが遡上する川を蘇らせる」あるいは「ホタルが帰ってくる水辺を取り戻す」などといったキャッチフレーズは、あちこちで叫ばれています。私は、里山保全をしてゆく上で、地域によっては、「ナマズが上がってくる田んぼを復活させる！」というスローガンだって十分に意味のあるものだと思います。前述のように、捕食者として、米作りを取りまく水辺環境において生態系ピラミッドの頂点付近に位置するナマズが生きられる状態を確保することを目指すということは、それに付随して実にたくさんの動植物が生きられるようにするということであり、ひいては人の文化に根を下ろすいきものをシンボルとすることで、人と自然の関係を問い直す材料ともなると思うからです。それに……これは個人の感想ですけど、ナマズって、かわいいじゃないですか。

結構ね、言われるんですよ
かわいいって

ヤマユリ

ユリ目ユリ科
Lilium auratum
高さ：100 - 150 ㎝

　ヤマユリは、本州の近畿地方以北の陽当たりの良い野山に自生し
ています。ヤマユリが身近な環境で育った方にとっては、ヤマユリ
の匂いは夏の匂いであり、ヤマユリの姿は夏の里山のイメージと強
く結びつくものでしょう。林縁に咲くヤマユリの、むせかえるよう
な強い芳香と、黄色い筋の入った赤い点のある巨大な白い花は、一
度嗅いだり見たりしたら忘れがたいものです。

　日本の国花として扱われるのは桜と菊です。しかし、日本固有種
であり、格好が美しくて山野に自生しているという点では、ヤマユ
リにだってその資格はあるでしょう。第一、ヤマユリは日本国の貿
易収支に貢献する存在だったのです。明治から大正にかけて、ヤマ

ユリはヨーロッパへの輸出品として重要なもののひとつでした。世界的にみても大型で壮麗なヤマユリは、現地の愛好家たちを熱狂させたのです。大量の球根が海を渡り、現地で品種改良を受けて様々なユリが生み出され続けてきました。「ユリの女王」と呼ばれるカサブランカも、オランダでつくられた品種ですが、日本から輸出されたヤマユリやカノコユリの血を引いています。このような、日本から旅立ったユリたちをもとに作り出された品種を『オリエンタル・ハイブリッド』といいます。だからいま、街の花屋さんで見ることのできるそれらのユリは、遠く旅をして、姿を変えて戻ってきた、いわば逆輸入ユリなわけです。

　では、最初にヤマユリなどがヨーロッパに紹介されたきっかけは何だったのでしょうか？ 実は、そこに介在しているのは、またしてもフィリップ・フランツ・フォン・シーボルトなのです。

　ヤマユリもカノコユリも、その球根を最初にヨーロッパに持って行ったのは、シーボルトその人でした。もし、この世にシーボルトがいなかったら、世界中の花屋さんや園芸店に並んでいる花の種類が、いま私たちが暮らす世界のそれとは少し違ったものになっていたはずです。シーボルトは1866年に死んだけれど、150年以上経っても市井のあちこちに彼の影があります。なんだかこの本も、はからずもシーボルトの事跡を追う本みたくなってきましたね。

カブトムシ

コウチュウ目コガネムシ科
Trypoxylus dichotomus septentrionalis
体長：30 - 55 ㎜

　夏が来れば思い出すカブトムシは、日本人の業を具現化したような虫です。

　いったい、これまでに捕まったカブトムシ、飼われたカブトムシが、歴史上、どれだけの数いたことでしょう。ケースの中でクワガタと戦わされたカブトムシがどれだけいたことでしょう。カブトムシが売買されたことで動いた金額はいくらになるでしょう。カブトムシの成虫は鳥類や哺乳類に捕食されます。でも、それとは比較にならないくらい、人間こそがカブトムシの天敵であることは間違いありません。

　それもこれも、カブトムシが大きくてかっこいい虫だからです。

角があってがっしりしていて、まことに
立派です。親しまれたがゆえに、多くが
飼育され、流通し、そればかりでなくブ
リードされたものが野外に放たれて遺伝
子汚染を引き起こしたり、本来、本土産
亜種の生息しない北海道や沖縄でも逃げ
出したものが野生化して定着し、国内外
来種としての問題を引き起こしています。

この国で人間といきものの関係に「かっこいい」とか「かわいい」
とかいう感情的な要素が絡まると、だいたいそういうことになるの
です。勝手に捕まえられて勝手に増やされて勝手にもともといない
場所に放り出されて勝手に問題とされるのですから、カブトムシと
してはただただ振り回されているだけで、いい迷惑です。

けれど一方で、カブトムシが日本本土で繁栄できたのも、人間が
作り出した里山環境に起因しています。薪炭林としてクヌギやコナ
ラが積極的に利用されてきたからこそ、カブトムシの生活環境も拡
がったのです。成虫が樹液をなめ、幼虫が腐葉土で育つカブトムシ
は、典型的な「里山に適合した虫」です。カブトムシを身近な虫に
したのは人間の営みがそうさせた必然なのであり、多くの子供たち
は、かっこいいカブトムシの成虫や幼虫を観察したりカブトムシの
本を読むことを通じて、昆虫や自然科学への理解を深めたという側
面もあるでしょう。

カブトムシはいわば、♂が長い角を持っているだけの単なる大型
のコガネムシに過ぎませんが、人間がカブトムシと持った関係は、
どんな愛人関係よりも複雑で、長い歴史を持っています。光と闇が
あり、欲望に満ちててまるで木の幹から噴き出す樹液のようにドロド
ロしています。

カブトムシ

ヤマトイシノミ

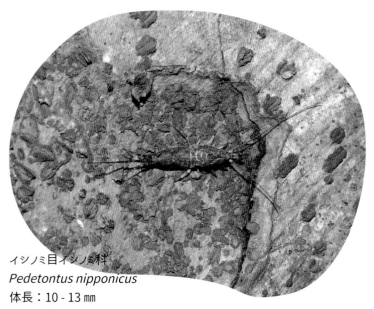

イシノミ目イシノミ科
Pedetontus nipponicus
体長：10 - 13 ㎜

　この本では、ここまで35種の昆虫を取り上げてきました。97分の35じゃ、昆虫の割合が多過ぎるんじゃないかと思われるかもしれません。しかし、厳密に言うとむしろ少ないくらいなのです。昆虫は日本国内だけでも3万種以上、世界では100万種も知られています。世界中の確認されている生物種の半分以上を昆虫が占めていると考えられているのです。しかも、昆虫の新種は毎年見つかっていますから、実際にはもっとたくさんの種がいるはずなのです。もし、里山に昆虫がいなかったら……それはもう、我々の知っている里山とは呼べない世界であることでしょう。

　そんなに栄えている昆虫の先祖というのは、どんないきものだっ

たのでしょうか。それを想像するには、昆虫の仲間でももっとも原始的な形態を残しているイシノミ目を見てみる必要があるでしょう。

　このイシノミというのはやっぱり他の虫とは違います。まず、変態しません。どういうことかというと、幼虫と成虫との外見上の区別がほぼなく、生まれてから死ぬまでだらだらと脱皮を繰り返すのです。また、昆虫の脚は6本と決まっていますが、イシノミの場合、それ以外にも腹部に退化した脚の痕跡をとどめており、かつて昆虫が昆虫となる以前、もっとたくさんの脚を有していた頃の姿を髣髴させます。さらに再生能力も有しており、たとえ脚や触角を失っても、次に脱皮するとまた生えてきます。翅なんかないのは当然で、シャカシャカと歩き回る様子は甲殻類にも、また多足類にも似ています。イシノミの最古の化石は、ざっと4億年前の地層から出土しています。恐竜時代より遥かに前であり、古さにおいてはシーラカンスでやっと互角というところです。

　ヤマトイシノミは、中部地方以北の本州と北海道に分布し、東日本では比較的数の多いイシノミです。湿度の高い森林にすみ、樹皮の間や石の下で、藻類や地衣類を食べて暮らしています。小さくてすばしっこい上に薄暗いところにいるので、意識していないとなかなか見つからない奴ですが、このあまりぱっとしない虫は、昆虫といういきものの源流を身体で受け継いでいます。食品業界に例えて言うなら「ラーメンを発明した人に直接指導を受けた最後の生き残りの人が経営するラーメン店」みたいな貴重な存在なのです。

リンドウ

リンドウ目リンドウ科
Gentiana scabra var. buergeri
高さ：10 - 80 ㎝

　春来て里山にカタクリが咲き、夏の盛りにヤマユリが咲き、秋の終わりに咲くのがこのリンドウです。毎年、リンドウの青紫の花を見ると、これを最後にしばらく草むらからヴィヴィッドな色彩は消え、このあとは冬枯れがやってくるのだなあという感慨がこみ上げてきます。

　リンドウは、本州・四国・九州の、遠くない場所に水がある、やや湿った場所に生育します（北海道にはありませんが、かわりにエゾリンドウがあります）。草刈りが定期的にされている林縁や土手を好み、冷たくなってきた大気の下で、晴れの日にだけ一斉に花を開かせます。

　「りんだうや　枯葉がちなる花咲きぬ」（与謝蕪村）

　「山ふところの　ことしもここに竜胆の花」（種田山頭火）

　俳人たちが描いたリンドウには、リンドウの人となり、いや、「花となり」のようなものが端的に表れています。古くは、藤原定家や和泉式部もリンドウの歌を詠み、清少納言も『枕草子』の中でリンドウに言及しています。リンドウには、これから間違いなく訪れる冬と、冬が訪れるまで歩んできた生命の鼓動とが紐づいています。

　現在、リンドウは東北から九州までの都府県のレッドリストに数多く掲載されており、中でも秋田県のレッドリストでは絶滅危惧Ⅰ類にランクされています。減ってしまった原因には、草刈りなどの管理がされなくなって生育地が藪化するなどの環境悪化、美しい花なので根こそぎ掘られてしまうことが多いことなどが挙げられます。

　リンドウは文学の世界の題材となっただけではなく、『笹竜胆紋』として村上源氏系、宇多源氏系の氏族の家紋となり、昔からすごく苦いけど効き目のある生薬としても使用されるなど、静かに、そして確かに、私たちの暮らしのそばにあります。

　人間といきもののかかわりにおいて、当たり前のように見える毎日はいつまでも当たり前ではありません。消えたものが戻ることはほとんどなく、変わっていく風景は思い出の中にしか残りません。いつか、日本中のあらゆる場所で「今年もここにリンドウの花」が咲かなくなる日も、訪れることがないとは言えないのです。

リンドウ

イノシシ

鯨偶蹄目イノシシ科
Sus scrofa
頭胴長：100 - 150 ㎝

　伊我利比女命、という女神様がいます。

　三重県は伊勢神宮豊受大神宮の末社に祀られているこの女神は何者かという問いへの回答は、その不思議な名前の響きに隠されています。伊我利とはこれすなわち猪狩であり、その正体は田畑を荒らすイノシシを狩る女神なのです。神代の昔から、農地を巡るイノシシと人間とのせめぎ合いは続いてきました。

　万葉集にも、イノシシはシカとともに農作物を荒らす動物として登場します。人間が耕作地を拡げれば、山から獣がやってきて作物を食べる。人間の世界と自然の世界との中間点にある里山こそは、まさに両者が直接に対峙する場所であったのです。日本の歴史の中

で、ある時ある場所では人間が開発と狩猟でイノシシを地域絶滅に追い込み、またある時ある場所はイノシシが急激に増加して飢饉を引き起こしたりしています。人間とイノシシの関係には、いろいろな局面がありました。

　令和の現在、私たちはまた新しい局面に入っています。

　就農人口の減少と産業構造の変化による森林の管理放棄と耕作放棄は、これまでこの本で取り上げてきた里山のいきものたちの多くにとってはすみかを奪うものであるのに対し、イノシシはむしろそれによって隠れ場所を獲得し、人間の世界との緩衝地帯を突破して人里に降りてきやすくなっています。イノシシが各地で増加し、これまで見られなかった場所でも目につくようになったように感じるのは、実際に生息数が増えていることよりも、人前に出てくることが多くなったという要素が無視できません。それにより、餌付けされたイノシシが人間を怖れなくなって市街地で活動するといったような、これまでの時代ではありえなかったことも起きています。あるいはまた私の住む千葉県での事例のように、イノシシがいったん絶滅したり、元々いなかったりする地域に狩猟目的で放たれたイノシシが定着して問題となるといったような、愚か極まる問題も進行中です。

　イノシシの中に歴史家がいたなら、この国土における人間とのかかわりをどのように叙述するのでしょうか。イノシシの、素晴らしくよく効くあの鼻は、いま、私たちのどのような未来を嗅いでいるのでしょうか。

あとがきに代えて

「百物語」というのは、単にお話を百個集めたものという意味もありますが、それだけではなく、本来、怪談の形式のひとつでもあります。

百の怪談を語り終えると、常ならぬことが起こるというのです。どんなことが起こるかは語り終えてみないとわかりません。悪いことが起きることばかりではなく、良いことが起きることもあるそうです。

この本はもちろん怪談ではありませんが、里山の自然そのものが危機に瀕している以上、そこで暮らす里山のいきもののお話は、すべてが「コワい話」と言えないこともないのではないでしょうか。死者が出てくる話は確かに怖いけれども、生きているものが死んでゆく話、消えてゆく話はもっともっと怖いものであるはずです。そしてもっと怖いのは、死んでゆくことに誰も気づかない話、消えてゆくことに誰も気づかない話です。

ひとまず百のお話を語り終えたいま、もし何事かが起こるとすらならば、私は、最後まで読んで下さった皆様の心に、里山に対する興味と関心の種が芽吹き、何かひとつでも、人間といきものとのかかわりについて、読む前と違ったことを考えるようになって下さったなら幸せに思います。

いつか、どこかの里山でお会いいたしましょう。

それまで、どうかお元気で。

大島健夫

参考文献

1. 外来生物のきもち　大島健夫　メイツ出版　2020
2. カタツムリハンドブック　武田晋一 写真／西浩孝 解説　文一総合出版　2015
3. 希少生物のきもち　大島健夫　メイツ出版　2021
4. ゲンゴロウ・ガムシ・ミズスマシハンドブック　三田村敏正／平澤桂／吉井重幸　文一総合出版　2017
5. 校庭のコケ　中村俊彦／古木達郎／原田浩　全国農村教育協会　2002
6. 静岡県田んぼの生きもの図鑑　静岡県農林技術研究所編　2010
7. 樹皮ハンドブック　林将之　文一総合出版　2006
8. 千葉県レッドデータブック動物編 2011 年改訂版　千葉県　2011
9. 千葉県レッドデータブック植物・菌類編 2023 年改訂版　千葉県　2023
10. 千葉の昆虫図鑑　大島健夫　メイツ出版　2023
11. 土の中の小さな生き物ハンドブック　皆越ようせい　文一総合出版　2005
12. 東京都レッドデータブック 2023 本土部　東京都環境局　2023
13. トンボで守る食の安全 高知県版　公益社団法人トンボと自然を考える会　2019
14. 日本魚類館　中坊徹次　小学館　2018
15. 日本産淡水性汽水性エビ・カニ図鑑　豊田幸詞 文／関慎太郎 写真／駒井智幸 監修　緑書房　2019
16. 識別図鑑 日本のコウモリ　コウモリの会 編／佐野明・福井大 監修　文一総合出版　2023
17. 日本のクモ増補改訂版　新海栄一　文一総合出版　2017
18. 図説 日本のゲンゴロウ改訂版　森正人／北山昭　文一総合出版　2002
19. 日本の真社会性ハチ　高見澤今朝雄　信濃毎日新聞社　2005
20. 日本の水生昆虫　中島淳・林成・石田和男・北野忠・吉富博之　文一総合出版　2020
21. 日本のタナゴ　北村淳一 文／内山りゅう 写真　山と渓谷社　2020
22. 日本の淡水魚　細谷和海 編・監修／内山りゅう 写真　山と渓谷社　2015
23. 日本のチョウ　日本チョウ類保全協会 編　誠文堂新光社　2012
24. 日本のトンボ 改訂版　尾園暁・川島逸郎・二橋亮　文一総合出版　2022
25. 日本の野鳥 650　真木広造 写真／大西敏一・五百澤日丸 解説　平凡社　2014
26. 日本の水草　角野康郎　文一総合出版　2014
27. 日本のランハンドブック①低地・低山編　遊川知久 解説／中山博史・松岡裕史 写真　文一総合出版　2015
28. 野に咲く花　林弥栄 監修／平野隆久 写真　山と渓谷社　1989
29. ハムシハンドブック　尾園暁　文一総合出版　2014
30. 房総の生物　沼田眞・大野正男 監修　河出書房新社　1985
31. 街なかの地衣類ハンドブック　大村嘉人　文一総合出版　2016
32. 身近な生物のきもち　大島健夫　メイツ出版　2022
33. ミミズ図鑑　石塚小太郎 著／皆越ようせい 写真　全国農村教育協会　2014
34. 野外観察のための日本産両生類図鑑　関慎太郎 著／松井正文 監修　緑書房　2016
35. 野外における危険な生物　㈶日本自然保護協会　平凡社　1994

大島健夫（おおしま　たけお）

1974年 千葉県生。詩人。早稲田大学法学部卒業。

2016年 ポエトリー・スラム・ジャパン 2016 全国大会優勝。フランスのパリで開催されたポエトリー・スラム W 杯に日本代表として出場。準決勝進出。ベルギー、イスラエル、カナダ、ドイツなどの詩祭やポエトリー・スラムにも出場するかたわら、ネイチャーガイドとしても活動している。

現・千葉市野鳥の会会長。日本トンボ学会会員。

著書に「外来生物のきもち」「希少生物のきもち」「身近な生物のきもち」「千葉の昆虫図鑑」（以上メイツ出版）「そろそろ君が来る時間だ　10 の小さな物語＋ 1」（丘のうえ工房ムジカ）など

【design&illustration】
中西佳奈枝

そうだったのか！　里山のいきもの百物語

2024年 6 月 28 日　　第 1 版・第 1 刷発行

著　者　大島　健夫
発行者　株式会社メイツユニバーサルコンテンツ
　　　　（旧社名）メイツ出版株式会社
発行者　代表者 大羽 孝志　　発行者 前田 信二
発行者　〒 102-0082 東京都千代田区平川町 1-1-8
Ｔ 印　刷　シナノ印刷株式会社
◎『メイツ出版』は当社の商標です。